ライフサイエンス

論文を書くための
英作文&
用例 500

著／河本　健, 大武　博
監修／ライフサイエンス辞書プロジェクト

羊土社
YODOSHA

※本書は，2008年8月〜2009年1月号まで「実験医学」誌（羊土社/刊）に掲載された連載「論文英語ライティング」に大幅な加筆と修正を加えて単行本化したものです．

【注意事項】本書の情報について
　本書に記載されている内容は，発行時点における最新の情報に基づき，正確を期するよう，執筆者，監修・編者ならびに出版社はそれぞれ最善の努力を払っております．しかし科学・医学・医療の進歩により，定義や概念，技術の操作方法や診療の方針が変更となり，本書をご使用になる時点においては記載された内容が正確かつ完全ではなくなる場合がございます．また，本書に記載されている企業名や商品名，URL等の情報が予告なく変更される場合もございますのでご了承ください．

まえがき

ある日，友人のKさんから電話があった．

K： 河本さんの本いいですね．いつも使っていますよ．
　　（まずは，お世辞を言っておいて，突然…）
K： ところで，英語論文をスラスラ書けるようになるには，どうすればいいんでしょうか？
　　（あれ，私の本には書いてなかったかな？）
私： それは一朝一夕にはできない難しい問題だよ．少なくとも書きたい内容に対していくつかの英語のフレーズが浮かんでくるようなトレーニングが必要じゃないかな．
K： なるほど．よく使われる英文のデータベースをつくればいいんでしょうか？　わたしの研究分野は非常に狭い領域なので，使われる英語のパターンも限られているような気がします．
私： おおっ，それはいいねぇ．ぜひ，つくってみたらどうかな？
　　（私にはつくれそうもないが…）

　とはいうものの，何か役立つものがつくれないだろうかと考え，「英語論文をスラスラ書けるようになる」ことを目指して本書の制作を思いたった．論文らしい英語を書くための第一歩は，過去の関連論文から表現を借りることである．しかし，これから書く内容は過去の論文とは異なるものであり，また，それぞれの人が書きたい内容は千差万別であるので，それらをすべて満足させるようなデータベースをつくることはほとんど不可能であろう．英文を書くためにまず必要なことは，主語と動詞を決めることである．そこで，本書では「主語と動詞」の組み合わせに着目した．

　英語と日本語とでは構成や発想が大きく異なるために，この「主語と動詞」を決める作業が日本人には意外に困難なものである．第1部では，日本人にとって盲点になりそうな論文用の英文の組み立て方のコツについてまとめてある．また第2部は，その「主語と動詞」の組み合わせに特化した使い分け辞典（活用辞典）という構成である．論文で主語としてよく使われる名詞が分類してあるので，まずはこれらを主語にする文を考えるようにするとよいであろう．文を構成する語の組み合わせはほとんど無限にあるが，主語と動詞だけならたった2語の組み合わせの問題であり，ここに示す組み合わせを中心に文を組み立てれば意外に簡単に英文がつくれるはずだ．

　本書では，117の名詞（主語）に対して，合計約1500の主語＋動詞のパターンと約500の例文が示してある．これらを利用して，「スラスラ書ける」英語力を目指そう．

　また著者らはこれまで，ライフサイエンス英語シリーズとして，『類語使い分け辞典』『英語表現使い分け辞典』『論文作成のための英文法』『文例で身につける英単語・熟語』を製作した．本書はこれらを最大限に活用するための基盤となる解説書である．

　本書が，英語論文執筆の一助となれば幸いである．

2009年　9月

著者を代表して
河本　健

ライフサイエンス
論文を書くための 英作文&用例 500

まえがき ………………………………………………………………… 河本 健 3

本書の特徴と使い方 …………………………………………………… 河本 健 9

第1部：主語が肝心　日本人が間違いやすい英作文のポイント 9

1　論文の書き方のコツ ………………………………………………………… 16
1. 書く前に下準備を十分しよう！ ／2. どこから書きはじめるか？ ／3. 日本語で下書きをするな！ ／4. まずは主語：日本語と英語の発想の違い ／5. 英語になりやすい日本語：ロジックを磨こう ／6. 英文の2大パターン

2　まず主語を決めよう ………………………………………………………… 22
1. 論文でよく使われる主語 ／2. 論文らしい長めの主語のつくり方 ／3. 主題を無視して英語らしい主語−動詞の骨格をつくる ／4. 主語と動詞の組み合わせの選び方 ／5. we はすべての基本 ／6. 日本人が間違いやすい用法（「もの」に使えない動詞）

3　文の柱となる"主語−動詞"の骨格を決めよう ………………………… 29
1. 背景・仮説・結論に関連する名詞と動詞の使い分け ／2. 「著者・分析研究・研究」各分類の名詞に対する動詞の使い分けの関係 ／3. 「研究内容に関連する名詞」と動詞の使い分け ／4. 主語と動詞の選び方のコツ

4　動詞に続けて使われる語句 ── 目的語・補語・副詞句 ……………… 38
1. 動詞＋名詞（句） ／2. 自動詞＋形容詞（補語） ／3. 動詞＋前置詞（副詞句）

5　受動態の使い方 …………………………………………………………… 46
1. 受動態が好まれる場合 ／2. 受動態が好まれない場合 ／3. よく使われる受動態の表現

6　時制の決め方 ……………………………………………………………… 52
1. 現在形，過去形，現在完了形の使い分け ／2. セクションごとの時制の使い分け

7　助動詞の使い方 …………………………………………………………… 58
1. 可能性を表す助動詞 ／2. 予想を表す助動詞 ／3. 能力を表す助動詞 ／4. 必要・義務を表す助動詞

Contents

8 副詞の使い方 ……………………………………………………………… 62
1. 程度を表す副詞 ／ 2. 可能性の副詞

9 名詞の可算・不可算と冠詞の使い方 …………………………………… 68
1. 冠詞の基本ルール ／ 2. 名詞の可算・不可算と冠詞の決め方

● **プラスα：冠詞使い分けの法則の徹底攻略**
定冠詞を付けるときの基本ルール／「名詞＋of」に用いられる冠詞のパターン ／「名詞＋to do」に用いられる冠詞のパターン ／「同格のthat節」を伴う名詞に用いられる冠詞のパターン

● **プラスα：冠詞の心**
「聞き手の意識」を意識する ／冠詞ひとつで意味はこんなにも変わる ／チャーリィ・ゴードンの日記にみる英語の約束事 ／theを使いすぎる日本人 ／firstの前にaが付くこともある

第2部： 主語別にみる 主語-動詞の組み合わせ＋例文500

1章「著者・論文」を主語にする文をつくる …………………………… 90

主語 we 92 ／ author 94 ／ paper 95 ／ article 96 ／ report 96 ／ review 97

よく組み合わせて使う動詞

i. 解釈・結果	report ／ show ／ demonstrate ／ suggest ／ conclude ／ describe ／ review ／ discuss ／ present ／ provide ／ summarize ／ propose
ii. 同定	find ／ identify
iii. 計画・遂行	examine ／ study ／ investigate ／ test ／ use ／ compare ／ analyze ／ assess ／ evaluate ／ explore ／ focus on ／ address

2章「分析研究」を主語にする文をつくる …………………………… 99

主語 study 102 ／ investigation 103 ／ experiment 104 ／ work 105 ／ research 105 ／ analysis 106 ／ assay 107 ／ test 108 ／ examination 109 ／ comparison 109 ／ imaging 110

よく組み合わせて使う動詞

i. 解釈・結果	suggest ／ indicate ／ show ／ reveal ／ demonstrate ／ confirm ／ establish ／ provide ／ allow ／ support ／ describe
ii. 計画・遂行	be designed to ／ be performed ／ be conducted ／ be carried out ／ be done ／ be undertaken ／ be needed ／ be required ／ be used ／ examine
iii. 性質	include ／ be based on
iv. 同定	identify ／ find ／ detect

3章「研究結果」を主語にする文をつくる …………………………… 111

主語 result 114 ／ data 115 ／ finding 116 ／ observation 118 ／ evidence 119 ／ model 119 ／ structure 120 ／ sample 122

よく組み合わせて使う動詞

i. 解釈・結果	suggest ／ indicate ／ demonstrate ／ show ／ reveal ／ establish ／ confirm ／ imply ／ argue ／ raise the possibility ／ provide ／ support ／ implicate ／ highlight ／ define ／ allow ／ be confirmed ／ be presented ／ exist	
ii. 計画・遂行	be discussed ／ be compared ／ be analyzed ／ be collected ／ be obtained	
iii. 同定	be observed ／ be found	

4章 「方法」を主語にする文をつくる ……………………… 123

主語 method *125* ／ approach *126* ／ strategy *127* ／ methodology *127* ／ procedure *128* ／ protocol *128* ／ technique *129* ／ technology *129* ／ system *130* ／ model *131* ／ hypothesis *131* ／ conclusion *132*

よく組み合わせて使う動詞

i. 計画・遂行	be used ／ be employed ／ be performed ／ be applied ／ be developed ／ be tested
ii. 解釈・結果	be described ／ result in ／ allow ／ provide ／ offer
iii. 性質	use ／ be based on ／ require ／ involve ／ be supported

5章 「研究対象」を主語にする文をつくる ……………………… 133

主語 mouse *135* ／ cell *136* ／ patient *137* ／ mutant *139*

よく組み合わせて使う動詞

i. 性質	show ／ exhibit ／ display ／ produce ／ fail to
ii. 経過	develop ／ undergo ／ die
iii. 同定	be found ／ be identified ／ be isolated
iv. 計画・遂行	be treated ／ be generated ／ be infected ／ be injected ／ be exposed ／ be examined ／ be analyzed ／ be studied

6章 「現象」を主語にする文をつくる ……………………… 141

主語 event *143* ／ mutation *143* ／ variation *145* ／ formation *145* ／ assembly *146* ／ synthesis *146* ／ phosphorylation *147* ／ apoptosis *147* ／ replication *148* ／ proliferation *149* ／ growth *149*

よく組み合わせて使う動詞

i. 発生・同定	occur ／ be observed ／ be found ／ be detected
ii. 性質	be associated with ／ be required ／ require
iii. 結果	result in
iv. 変化	increase ／ be increased ／ decrease ／ be reduced ／ be blocked ／ be inhibited

7章 「もの」を主語にする文をつくる ……………………… 151

主語 mRNA *153* ／ gene *154* ／ protein *155* ／ receptor *156* ／ domain *157* ／ complex *158* ／ factor *158* ／ molecule *159* ／ construct *160*

よく組み合わせて使う動詞

i. 性質	be expressed ／ contain ／ include ／ be required ／ play ／ mediate ／ form ／

Contents

	be used ／ bind to ／ be regulated ／ be localized ／ be located ／ appear ／ be involved in ／ be associated with ／ be known
ii. 同定	be found ／ be identified ／ be detected ／ be observed ／ be isolated
iii. 解釈・結果	appear ／ be known
iv. 変化	be induced ／ be increased

8章 「疾患」を主語にする文をつくる 161

主語 infection *163* ／ disease *164* ／ disorder *164* ／ defect *165* ／ deficiency *165* ／ dysfunction *166*

よく組み合わせて使う動詞

i. 性質	be characterized ／ result in ／ lead to
ii. 解釈・結果	be associated with
iii. 疾患の発生	occur ／ be caused by

9章 「処理・治療」を主語にする文をつくる 167

主語 treatment *169* ／ therapy *170* ／ stimulation *170* ／ stimulus *171*

よく組み合わせて使う動詞

i. 結果	result in ／ lead to ／ cause ／ evoke ／ induce ／ increase ／ reduce
ii. 変化	induce ／ increase ／ reduce
iii. 性質	be associated with ／ include
iv. 計画・遂行	be initiated ／ be discontinued

10章 「場所」を主語にする文をつくる 172

主語 site *174* ／ region *174* ／ locus *175* ／ residue *176*

よく組み合わせて使う動詞

i. 同定	be found ／ be identified ／ be mapped
ii. 性質	be located ／ be required ／ be involved in ／ contain ／ be conserved
iii. 計画・遂行	be mutated ／ be replaced

11章 「変化」を主語にする文をつくる 177

主語 change *180* ／ alteration *181* ／ shift *181* ／ increase *181* ／ enhancement *182* ／ induction *182* ／ activation *183* ／ decrease *184* ／ reduction *184* ／ inhibition *185* ／ repression *185* ／ suppression *186* ／ loss *186* ／ deletion *187*

よく組み合わせて使う動詞

i. 発生・同定	occur ／ be observed ／ be found ／ be seen ／ be detected
ii. 性質	be associated with ／ correlate with ／ require ／ be mediated ／ involve ／ be accompanied by
iii. 解釈・結果	suggest ／ appear ／ result in ／ lead to
iv. 変化	increase ／ be blocked ／ be inhibited

12章 「機能」を主語にする文をつくる …………………………………………… 188

主語 function *190* ／ mechanism *191* ／ pathway *192* ／ signaling *193* ／ process *194* ／ regulation *195* ／ transcription *195*

よく組み合わせて使う動詞

i. 性質	be required ／ require ／ involve ／ be involved in ／ be regulated ／ be mediated ／ depend on ／ be associated with ／ regulate ／ mediate ／ play ／ be used
ii. 解釈・結果	remain ／ appear ／ contribute to ／ result in ／ lead to
iii. 発生・同定	occur ／ be found ／ be observed
iv. 変化	be initiated ／ be blocked ／ be inhibited

13章 「関係」を主語にする文をつくる …………………………………………… 197

主語 effect *199* ／ response *200* ／ interaction *201* ／ association *202* ／ correlation *202* ／ relation *203* ／ difference *203* ／ resistance *204*

よく組み合わせて使う動詞

i. 発生・同定	occur ／ be observed ／ be found ／ be seen ／ be noted ／ be detected
ii. 性質	be associated with ／ be mediated ／ require ／ exist
iii. 変化	be blocked ／ be inhibited
iv. 解釈・結果	suggest ／ appear

14章 「定量値」を主語にする文をつくる ………………………………………… 205

主語 activity *208* ／ expression *209* ／ level *211* ／ production *212* ／ concentration *212* ／ dose *213* ／ value *214* ／ rate *214* ／ ratio *215*

よく組み合わせて使う動詞

i. 変化	increase ／ decrease ／ be increased ／ be elevated ／ be reduced ／ be decreased ／ be induced ／ be enhanced ／ be inhibited ／ be suppressed ／ be blocked ／ range from
ii. 性質	require ／ be associated with ／ correlate with ／ be required ／ depend on ／ be mediated ／ be regulated
iii. 解釈・結果	result in ／ lead to ／ appear ／ remain
iv. 発生・検出	occur ／ be observed ／ be found ／ be detected
v. 計画・遂行	be measured ／ be determined ／ be assessed ／ be examined ／ be evaluated ／ be calculated

15章 「目的」を主語にする文をつくる …………………………………………… 217

主語 purpose *219* ／ aim *219* ／ objective *220* ／ goal *221*

よく組み合わせて使う動詞

i. 遂行・評価	be to determine ／ be to examine ／ be to investigate ／ be to assess ／ be to evaluate ／ be to test ／ be to compare ／ be to develop
ii. 同定	be to identify
iii. 解釈・結果	be to characterize ／ be to define

索引 …………………………………………………………………………………… 222

本書の特徴と使い方

本書の特徴と使い方

　英語論文を書く上で最も重要なのは，**主語と動詞の組み合わせ**の選択である．なぜなら英語の文章の組み立ての中心は，**主語と動詞**であるからだ．日本語でも同じだと思いがちだが，必ずしもそうではない．日本語には，**主語と動詞の**組み立てがあいまいな文章がよくあるが，英語では**主語と動詞**の関係のロジックが日本語よりも厳密だという特徴がある．そこで本書の第1部では，このようなロジックの組み立て方を中心に英語論文の書き方のコツについて述べる．次に第2部では，実際の**主語と動詞の組み合わせ**の用例を具体的に示す．論文で主語として高頻度で用いられる名詞（代名詞）117語に対する約1,500の主語＋動詞の組み合わせパターンを約500の例文を用いて解説する．

> ### 用例辞典としての本書の使い方
> （第1部・第2部の詳細は後述を参照）
>
> ### ① 主語の意味や内容から適当な動詞を探したい
> →目次や分類図（23ページ）から目的の主語の分類を探す
> →第2部の各章の冒頭（各分類の概説）から使えそうな主語を複数選ぶ
> →各名詞のページから適当な動詞の組み合わせを見つける
>
> ### ② 主語から用法・用例を探したい
> - 目次から目的の主語を探す
> - 第2部の索引（223ページ）で、ページ数が**太字表記**になっている単語を探して参照する
>
> ### ③ 例文がのっている動詞を探したい
> - 第2部の索引（223ページ）で、ページ数が赤字表記になっている単語を探して参照する
>
> ### ④ abc順で単語を検索したい
> - 索引から探す

LSDコーパスについて

　本書の内容のもとになっているのは，ライフサイエンス辞書（LSD）プロジェクトが独自に構築したライフサイエンス分野の専門英語のコーパスである．コーパスとは，言語研究などのために一定の基準に従って収集された言語データのことを言うが，ここでは「論文抄録のデータベース」のことを指している．

ライフサイエンス分野ではPubMedと呼ばれる無料の文献データベースがあるが，LSDでは，そこから主要な学術誌（約150誌）を選び，1998年から2008年までの間にアメリカまたはイギリスの研究機関から出された論文抄録（総語数約7,500万語）を集めてコーパスを構築してある．論文コーパスのコンピュータ解析によって得られた頻度情報（本文中では「用例数」として表している）を最大限考慮して編纂することによって，本書では，実際の学術論文で好んで使用される「活きた英語」を提示できているものと思う．

LSDコーパスは，LSDプロジェクトのホームページ，WebLSD（http://lsd-project.jp/）から利用できる．本書と合わせて，ぜひ論文執筆などに活用していただきたい．

第1部の特徴と使い方

第1部では，論文執筆の際に日本人がつまずきやすいポイントについて9つに分けて解説する．そのポイントとは，1．論文の書き方のコツ，2．主語の選び方，3．よく使われる主語と動詞の組み合わせ，4．動詞に続けて使われる目的語・補語・副詞句の選び方，5．受動態の使い方，6．論文のパートごとの時制の使い分け，7．助動詞の使い分け，8．程度や可能性を表す副詞の使い分け，9．名詞の可算・不可算と冠詞の使い分けである．特にポイント2と3の内容に関係する**主語と動詞の組み合わせ**の具体例については，第2部でさらに詳しく解説する．

第2部の特徴と使い方

単語の用法を知るためには，共起検索の手法を用いて連続する2語の組み合わせの頻度を調べることが最も実用的である．拙著『ライフサイエンス英語表現使い分け辞典』（羊土社／刊）には，このような2語以上の組み合わせの頻度情報を多数収集してある．しかし，残念ながら主語＋動詞の組み合わせについては，あまり集めることができなかった．「名詞＋動詞」の組み合わせは必ずしも主語＋動詞であるとは限らないし，また，それぞれの組み合わせの種類がたくさんあって，相対的に個々の「名詞＋動詞」の出現頻度がかなり低いものになったからである．

そこで本書では，英語論文執筆の際に最も重要なポイントである**主語＋動詞の組合せ**に焦点を絞って解説することにした．本書に示す頻度情報の収集も共起検索の手法を用いて行った．もちろん主語は動詞の直前にくるとは限らないのだが，よく調べてみると名詞＋動詞の組み合わせの頻度は，その組み合わせが実際に主語と動詞の関係である場合の頻度を概ね反映していることがわかった．そこで，

名詞＋動詞の数をカウントすることによって，よく使われる「主語＋動詞」の組み合わせをまずは抽出し，以下に示すような方法で判定して用例を収集した．

[用例数の算出方法]

①名詞＋動詞の組み合せには，少なくとも「名詞単数形＋動詞現在形」「名詞単数形＋動詞過去形」「名詞複数形＋動詞現在形」「名詞複数形＋動詞過去形」の4つが存在する．これらを別々にカウントすると相対的に数が少なくなり，統計的な判断が難しくなる．そこで，原則としてこれらを合計することとした．ただし，動詞の過去と過去分詞が同形である他動詞の場合には，過去として使われることが多い場合にのみカウントし，過去分詞として使われることが多い場合にはカウントしないこととした．また，連続する名詞＋動詞が，主語と動詞の関係になっていないことが多い組み合わせについては，全体の頻度表以外には取り上げないようにした．また，～ing形はカウントに含めなかった．

②名詞には単数形と複数形とがあり，それぞれに対応して動詞を三人称単数形かそれ以外かで使い分ける必要がある．そこで現在形の用例をカウントとする際には，主語＋動詞として文法的にありえる組み合わせのものだけを選択した．この関係が間違っているということは，動詞の直前の名詞が主語ではないことを示しているからだ．これによって，連続する名詞＋動詞の組み合わせの中で，誤って主語＋動詞と判断する割合を大幅に減らすことができた．

第2部の使い方

第1部では，論文で主語としてよく使われる名詞（代名詞）を15分類に分けたが（下図を参照），第2部の各章ではそれぞれの分類ごとにそれらの使い方を詳しく解説する．それぞれの分類ごとに1つの章を設け，冒頭に「**各分類の概説**」を説明し，続いて「**主語から引ける用法・用例のリスト**」として個々の単語の用法・用例を示す（12ページの内容見本を参照）．

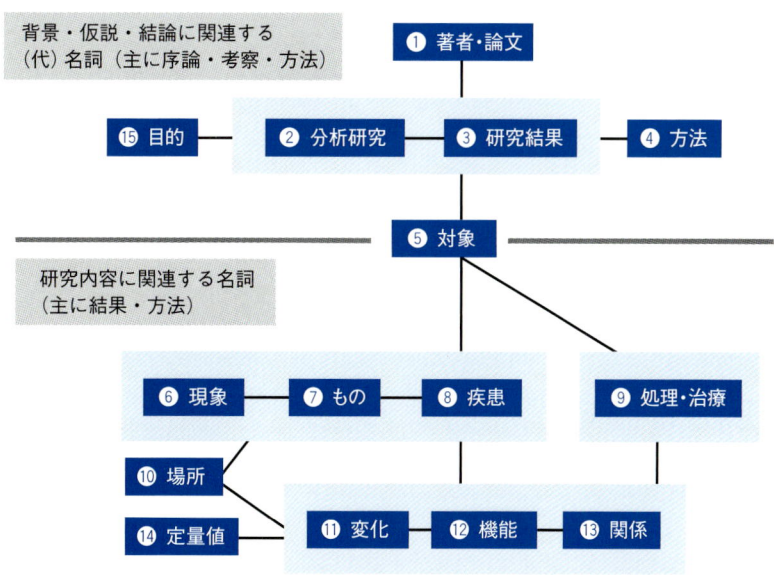

●図　主語となる名詞（代名詞）の分類

●第2部の内容見本●

各分類の概説

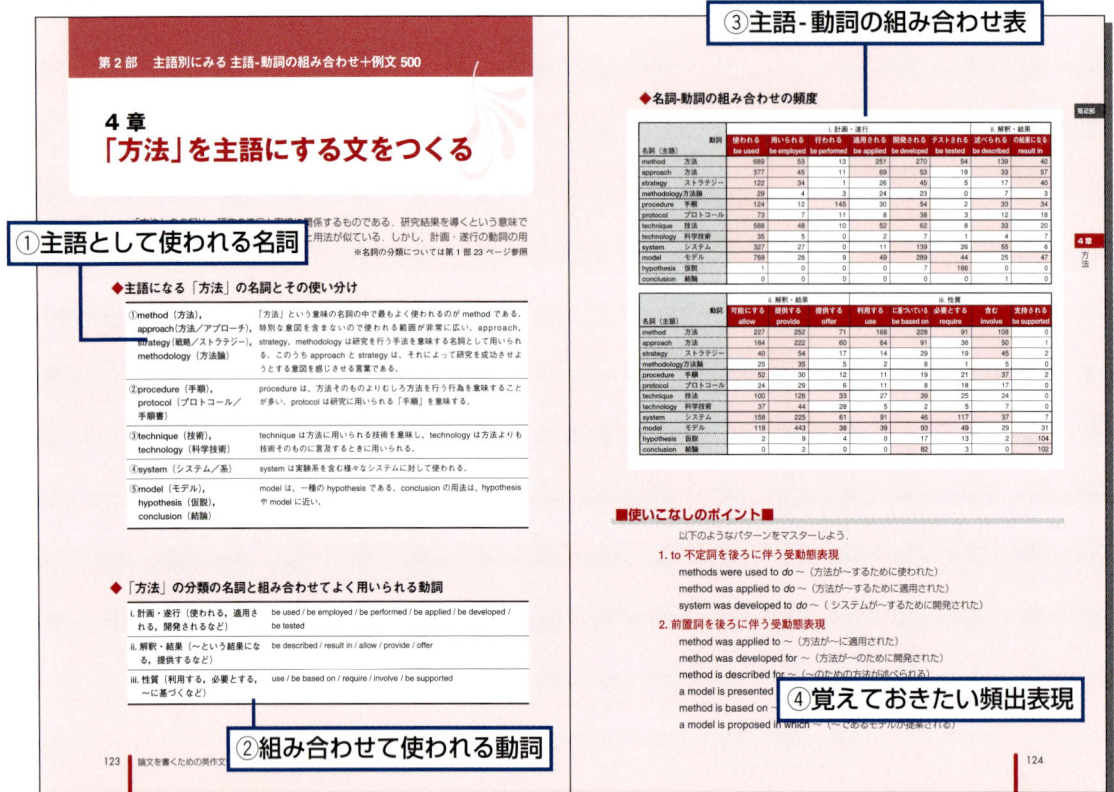

①**主語として使われる名詞**

各分類に含まれる単語をさらにいくつかに分類した．そして，それぞれの違いや使い分けについて解説した．

②**組み合わせて使われる動詞**

各章で扱う主語に対してよく使われる動詞を，意味や用途によって分類して示した．

③**主語-動詞の組み合わせ表**

主語＋動詞（名詞＋動詞）の組み合わせの頻度を表形式にまとめた．これによって，よく使われる主語＋動詞の組み合わせや主語となる名詞間の使い分けについて知ることができる．表に示す数字は上記の方法で算出したもので，あくまで目安である．

④**覚えておきたい頻出表現**

よく使われる表現を，「使いこなしのポイント」として示した．

主語から引ける用法・用例のリスト

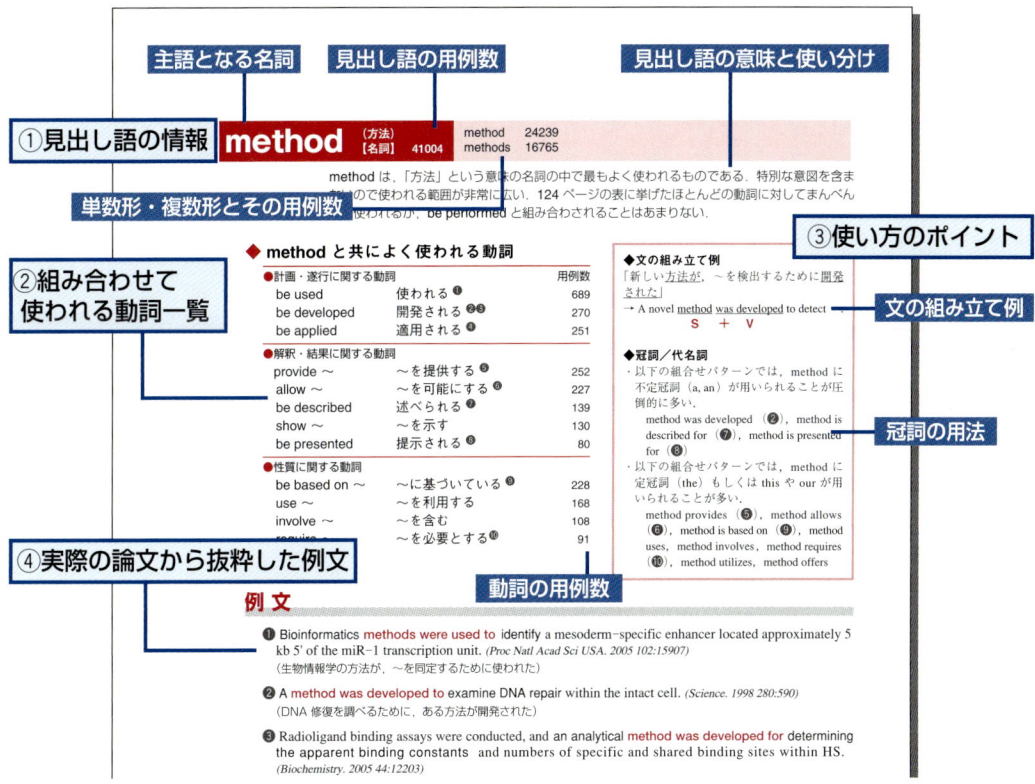

①見出し語の情報

冒頭に「 主語となる名詞 」「 見出し語の用例数 」「 単数形・複数形とその用例数 」を示す．ここから，それぞれの単語がどれくらいよく使われるのかや単数形・複数形のどちらがよく使われるのかなどを知ることができる．さらに，「 見出し語の意味と使い分け 」について解説してある．

②組み合わせて使われる動詞一覧

よく使われる動詞の組み合わせを意味によって分類し，さらにそれぞれの「 動詞の用例数 」を示す．ここを参照して，使える表現を見つけることができる．用例数は上記の方法で算出したものであり，あくまで目安である．

③使い方のポイント

名詞の使い方のポイントとして，「 文の組み立て例 」「 冠詞の用法 」などが枠抜きで示してある．

④実際の論文から抜粋した例文

論文からの例文と和訳（部分訳）が示してあるので，実際に使われた用例を確認できる．

✱ 執筆者一覧 ✱

著者

河本　健　広島大学大学院医歯薬学総合研究科助教
（本文15〜79，89〜221ページを執筆）

大武　博　福井県立大学学術教養センター教授
（本文80〜87ページを執筆）

監修

ライフサイエンス辞書プロジェクト

金子周司　　京都大学大学院薬学研究科教授

鵜川義弘　　宮城教育大学環境教育実践研究センター教授

大武　博　　福井県立大学学術教養センター教授

河本　健　　広島大学大学院医歯薬学総合研究科助教

竹内浩昭　　静岡大学理学部生物科学科准教授

竹腰正隆　　東海大学医学部基礎医学系分子生命科学講師

藤田信之　　製品評価技術基盤機構バイオテクノロジー本部

第1部
主語が肝心
日本人が間違いやすい
英作文のポイント9

　　第1部では，論文執筆の際に日本人が間違いやすい重要なポイントについて9つに分けて解説する．英語の論文を書くときに一番注意しなければならないのは，ロジックである．しかし，日本語の文は主語と述語の関係のロジックが曖昧であることが多い．日本語では正しい文章と思えるのに，そのまま英語にしてしまっては通用しないという場合がしばしばあるのだ．そのため日本語の下書きはなしで，最初から英語で文を組み立てていくのがよい．しかし，頭の中では日本語で考えている場合が多いので，日本語の手助けを得ながら英語のロジックと文章を構築することも必要であろう．そのような場合に，もっとも重要な要素は主語と動詞の組み立てである．これをうまく吟味しながら英語でも通用するロジックを日本語でも組み立てていくのだ．そこで第1部では，簡潔でロジックの正しい英文を書くための主語と動詞の選び方，およびそれに続く語の選び方について述べる．さらに，日本人が常に迷う冠詞の問題，程度や可能性などを表すための助動詞や副詞の使い方などについても述べる．

> 主語が肝心

第1部 日本人が間違いやすい英作文のポイント 9

❶ 論文の書き方のコツ

　第1部では論文英語の書き方について，いくつかのステップに分けて述べる．まず最初は，「論文の書き方のコツ／書きはじめるときのコツ」である．英語には日本語とかなり違った成り立ちをしている部分があり，また，いろいろな意味で厳密性を要求される．つまり，英語で論文を書くときに，なによりも大切なのはロジックである．様々な文の構成要素の組み合わせがほんとうにそれでいいのか？ 日本語のロジックの罠に陥っていないか？ このことを常に検証しつつ，合理的な論文執筆法を身に付けよう．

1 書く前に下準備を十分しよう！

　論文を書きはじめるためには，まずは下準備が重要である．実験科学の論文には，必ずデータがあるので，それをまとめた図や表こそが論文のエッセンスであると言ってもいいだろう．優れた論文は，図を眺めるだけでおおよその内容がわかるようになっているものだ．逆に言えば，**図の構成を考えずして論文を書いてはならない**．あやふやな記憶に頼って論文を書こうとすると，間違った思いこみをしたり，表現が抽象的で曖昧になったりしてろくなことはない．その曖昧さが，英語のロジックを失う原因にもなる．理路整然とした論文を書きたかったら，**書きはじめる前に，まず図をつくろう**．そのためにはグラフや写真などをどのように配置するのか，手書きで絵コンテのようなものを書いてみるとよいだろう．Results は必ず図の順番に書かなければならない．そこでどのように話を展開するのか考えながら，図を並べ換えてみよう．

　図の作成と平行して，論文のストーリー展開，強調したい点，仮説と結論などの**アイデアをフローチャートにしてまとめよう**．これも最初はノートに手書きがいい．そしてパソコンに打ち込む場合には，ワープロで箇条書きにするよりはマインドマップや PowerPoint などを使って視覚的にわかりやすくする方がよいだろう．長い文でなければ日本語で書いても構わない．

　次に関連論文を集める作業も必須である．Introduction や Discussion に述べるネタを集めたり，Results の書き方のパターンを調べたりしよう．後で参照できるよう参考になりそうなところには，**マーカーで印を付けておくとよい**．論文を

書き始めるときのコツは，まずは過去の文献をまねることである．Introduction と Discussion では図に頼ることなく長い文章を書かなければならないので，内容についてあらかじめアイデアを練っておかなければ急には書けない．特に Introduction は，Results に行き着くまでの前提となるものなので，ある程度のストーリーが必要がある．よく「英語ができないから書けない」と思いがちであるが，書く内容が整理されてないから書けない場合も少なくない．書くべき内容の手がかりとして，研究の背景となる事実やストラテジーなどを箇条書きで挙げておけば，あとは英語を考えるだけなのでかなり楽になる．

以上，最初のポイントは，**下準備を十分に行う**ということである．特に**最初に図を完成させる**ということは必須だ．時間に制約があると思うなら，下準備はいつスタートしても早すぎることはない．

2 どこから書きはじめるか？

論文の書き方でよく聞かれることに，「どこから書きはじめるのか？」ということがある．その答えは，「どこからでもよい」だ．**書けるところから書きはじめよう**．最初は，つたない英語でも構わない．頭に浮かんだ分だけ，素早く書き出すようにすればよい．思いついたことを忘れないうちに書いておくことが大切だ．もしアイデアが何も浮かばないときは，図を見ながら Results のセクションに取り組もう．Materials and Methods を書くのもよいだろう．これらは定型パターンの組み合わせであることが多く，書きやすいからだ．関連論文が参考になるだろう．本書の第 2 部で示す主語と動詞の組み合わせにもそのようなパターンが含まれているので，ここから選んで組み立ててみるのもよい．その場合も，図 1 から順に書いていく必要はない．まずは，図ひとつをひとつのサブセクションとして，それぞれに**タイトルを付ける**．そして，どこからでも書きやすいところからはじめれば，比較的楽に取りかかれるはずだ．

通常 Introduction や Discussion にサブセクションはないが，段落をつくって分けることができるので，**話題ごとに段落を区切る**つもりで書くとよい．何か思いついたら，まずそれを段落の 1 行目に書くのだ．そのまま続きを書いてもよいが，書けなければそこでやめて次に取りかかる．特に Introduction や Discussion は書く内容を思いついたときに，すぐに書いておかないと忘れてしまう．アイデアが浮かんだら，出だしだけでも書くようにする．最も難しいのは書きはじめの部分であるので，1 行だけでも書いてあれば続きを足していくことはそれほど難しくはない．そこで 2 番目のポイントは，まずは**各サブセクションや段落の 1 文目を書く**ということだ．

3 日本語で下書きをするな！

　日本人であれば，頭の中が日本語で成り立っているのはどうしようもないが，英語で論文を書くためには日本語で下書きをしてはならない．なぜなら日本語で内容をまとめてしまうと，どうしてもそれを英訳しようとするので，結果としてとても困難な作業に挑むことになる．日本語の文章を練れば練るほど，英語にするのが難しくなるという訳である．**英語の方が日本語よりロジックが厳密である**．そのため，もし日本語で下書きを書く必要があるなら，英語に置き換えることを念頭に置いて厳密な日本語を書くようにしなければならない．

　最初から英語で書きなさいと言っても，頭の中も英語で考えなさいという訳ではない．日本語で考えながらも，文章はいきなり英語で書きはじめるのだ．全体の構想を練るためにメモぐらいなら日本語で取ってもいいかもしれない．しかし，それもなるべく簡潔にし，たとえ一文でも長い日本語の文をつくることは危険である．以前，「日本語で書くべき内容を箇条書きしてから英語にしなさい」と言ったら，英語まで箇条書きになってしまった人がいた．人によっては箇条書きでも日本語で書くのはよくないのだ．そこで重要なポイントは，**日本語で下書きをしない**ということであろう．これをやると迷路に半分迷い込んだ状態になることを肝に銘じよう．

4 まずは主語：日本語と英語の発想の違い

　日本語では主語のあいまいな文章がごく当たり前のように幅をきかせているが，英語では絶対に主語が必要である．そのため論文を書くときには，**主語を何にするかを真っ先に考える癖**を付けなければならない．英語では，まず主語，次に動詞である．

　主語を何にするかを考えるときには，同時に動詞が何であるかも考えるとよい．論文の英語は，「何がどうした」の文章が中心である．ならば，「どうした」の方も主語と同じく大事である．この「どうした」の部分が動詞である．一方，日本語は，「研究する」「分析する」など「名詞＋する（した）」を使っていくらでも動詞をつくり出せる便利な言葉である．そのため，英語を書くときにも「簡単な動詞（become や make や do など）＋名詞」にすることを無意識のうちに考えてしまう．しかし英語の場合は，動詞だけで「どうした」になることが多い．そこで以下でも示すようにその**文章の主題や目的が何であるかに関係なく，主語と動詞の組み合わせを決めること**が肝心となる．

　次章に示すように，本書ではライフサイエンス分野の英語論文で主語としてよく使われる名詞を約 120 語ピックアップして分類した．まずはこの中から主語を選ぶと英語らしい表現が書きやすくなる．逆に主語の選択を行うときに，

日本語の下書きがあるとそれを英語に翻訳しようとするので苦労する．要は，書きたい意味をなるべくシンプルな言葉にいろいろ置き換えてみて，うまくフィットする名詞と動詞の組み合わせを選択することだ．

本書で最も大きく取り上げたいことは，主語と動詞の組み合わせ／選択のコツである．そのためには，**まずは主語を決めることだ**．主語が決まり，さらにそれに対応する動詞が決まれば，一気に文の組み立てが見えてくる．そのためにも，本書の第2部で取り上げているように，よく使われる定型パターンのいくつかをすぐに使えるようにまとめておくことが重要だ．

5 英語になりやすい日本語：ロジックを磨こう

頭の中にある日本語を英語に置き換えるためにはどのような作業が必要であろうか？　以下のような例について考えてみよう．まず言えることは，日本語の文章をいきなり英訳しようとしてはならないということだ．内容をよく考えて，**英語になりやすい日本語に置き換える**ことからはじめよう．英語と日本語の対応は1対1ではなく，また英語になりやすい日本語となりにくい日本語とが明らかに存在するからだ．

> 例題：VEGFは，虚血性組織において発現上昇が認められた

i) ロジックは正しいか？

まず，この文を見て少しロジックがおかしいと思わなければ，英語で論文は書けない．日本語は論理が曖昧なせいか，「太郎君は背が高い」のような「は」と「が」の両方を使ったために，どれが主語かを迷うような文がよくある．ここで，「VEGF」は文の主題ではあるが主語にはなりえない．主語は明らかに「発現上昇」である．したがって「VEGFは」ではなく，「VEGFでは」とか「VEGFに関していえば」とかになるべきであろう．しかし，このように考えるだけでは，まだ英文にすることは難しい．ではどうするのか？「VEGFの発現上昇」を主語にするということを考え出さなければならない．

「虚血性組織において，VEGFの発現上昇が認められた」としたらどうだろうか．

ii)「認められた」という日本語にとらわれない考え方が必要である

次の問題点は，「認められた」である．「認める」は，英語に変換しにくい日本語だ．そこで，「認められた」を「観察された」に置き換えて

「虚血性組織において，VEGF発現の上昇が観察された」

とすれば，以下に示すようなより自然な英文がつくれるであろう．

> Increase in VEGF expression was observed in ischemic tissues.

ⅲ）文を能動態に変更する

英文は，なるべく能動態で書くべきである．したがって

> We observed increased expression of VEGF in ischemic tissues.
> （我々は，虚血性組織において VEGF の上昇した発現を観察した）

のように，論文では we を主語にする文をいくつか入れるべきであろう．非常に重要な発見を行ったときなどに，「我々」を強調する表現となる．

ⅳ）主語をシンプルでより厳密な表現にする

上の例で主部の一部であった「上昇」を動詞に置き換えると，もっとシンプルで英語らしい表現になる．日本語なら「〜が認められた」と書きたくなるところでも，英語では現象（結果）だけを書けばよい場合が少なくない．

> VEGF expression was elevated in ischemic tissues.
> （虚血性組織において，VEGF の発現が上昇した）

さて，すでにお気づきのことと思うが，ここで日本語の文を示すことは，「日本語で下書きをするな！」に反する行為である．もちろんこのようなことはお勧めしない．しかし，英語で考えることができない以上，頭の中では日本語で考えているわけである．大まかな内容は日本語で考えても構わない．しかし，形容詞と名詞の組み合わせや名詞と動詞の組み合せなどは英語で考えなければならない．英語は日本語よりもロジックが厳密である．そのことを強く意識しながら，頭の中で英語を組み立てるのだ．

6 英文の2大パターン

英文は，もちろん主語と動詞だけで構成されているわけではない．上記に示した例文には，論文でよく使われる表現の2つの**典型的**パターンが含まれている．それは，

① 主語＋動詞＋前置詞句
② 主語＋動詞＋目的語

の2つである．①の例には，

```
VEGF expression was elevated in ischemic tissues.
    主語            動詞          前置詞句
```

②の例には，

```
We observed increased expression of VEGF in ischemic tissues.
主語  動詞           目的語
```

がある．①の例の「前置詞句」は副詞句，②の例の「目的語」は名詞句であるから，上記のパターンは

①′ 主語＋動詞＋副詞相当語句
②′ 主語＋動詞＋名詞相当語句

というふうに言い換えることもできる．こうすると2つのパターンの適用範囲はさらに広くなる．①′の動詞には，「自動詞」の場合と「他動詞受動態」の場合とがあるし，②′の場合には，「他動詞＋目的語」の場合と「自動詞＋補語」の場合とがあるからだ．そして大半の英文は，このたった2つの型に集約される．そこで6番目のポイントとして，英文を組み立てるときには**文型の2大パターンにあてはめる**ことを考えよう．

まとめ

論文を書きはじめるときのポイントは，以下のようにまとめられる．
① 下準備を十分に行う（最初に図をつくる）
② サブセクションや段落ごとに，まず1行書く
③ 日本語で下書きをしない
④ 内容を吟味して主語を決める
⑤ 頭の中で英語になりやすい日本語に置き換える
⑥ 英語のロジックを磨く
⑦ 文型の2大パターンにあてはめる

> 主語が肝心

第1部 日本人が間違いやすい英作文のポイント 9

❷ まず主語を決めよう

　英文でもっとも大切なものは**主語**であろう．日本語では曖昧になりがちなものであるので，特に強く意識する必要がある．主語が決まれば，それと組み合わされる動詞はある程度パターン化されてくる．その組合せについては第2部で詳しく述べる．ここでは，主語の選び方と実際にどのような名詞（代名詞）が主語としてよく用いられるのか，動詞との組み合せの特徴は何かについて解説する．

1 論文でよく使われる主語

　英文を書きはじめるときには，まず**主語は何か**を考えなければならない．日本語では主語のあいまいな文章がごく当たり前のようにあるが，英語では絶対に主語が重要である．そのため論文を書くときには，主語を何にするかを真っ先に考える癖をつけなければならない．英語では，まず主語，次に動詞である．主語となるものは，名詞，代名詞，名詞句，名詞節などの名詞相当語句である．これらの中で論文において実際に**主語として用いられるのは，ものの名前を含む限られた種類の名詞や代名詞**がほとんどである．そこでライフサイエンス分野の論文において主語としてよく用いられる117語を抽出し，図1-2-1のように15のグループに分類した．

- 「❶ 著者」である we や author は論文執筆の主体であり，主語としてよく用いられる．また，「❶ 論文」そのものを意味する単語（report, article など）も，同じような文脈で主語として用いられる．
- 著者が行うことは「❷ 分析研究」であり，これらは「❸ 研究結果」と合わせて論文の実質的なキーとなる．また，研究には「⓯ 目的」があり，さらに，「❹ 方法」もしばしば重要な話題となる．
- 研究は「❺ 対象」に対して行い，それらに関連する「❻ 現象」や「❼ もの」を発見して報告したり，それの「❽ 疾患」を扱ったりする．また，それを「❾ 処理・治療」する．あるいは，「❻ 現象」や「❼ もの」が研究の対象となる場合もある．このような意味をもつ名詞は，しばしば主語として用いられる．

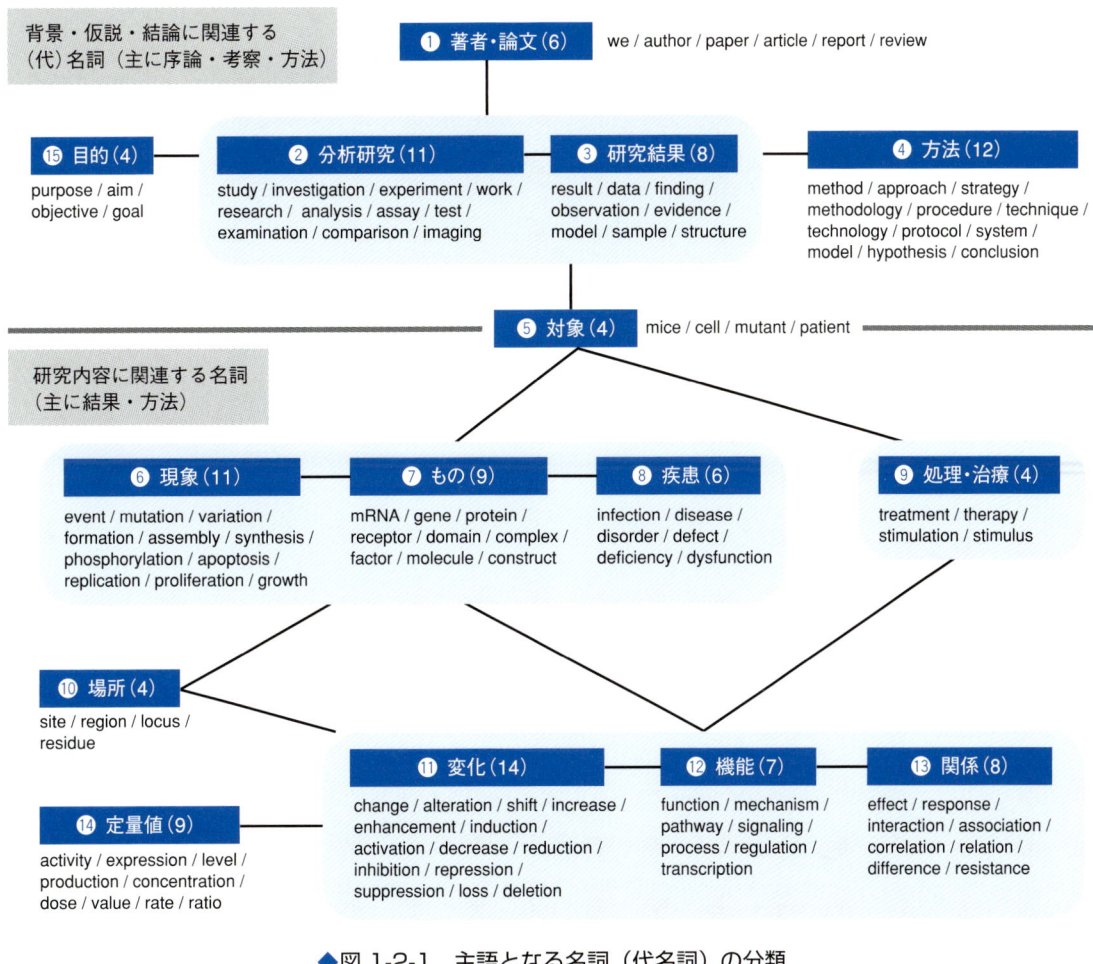

◆図 1-2-1　主語となる名詞（代名詞）の分類

- さらに研究では，「❻ 現象」「❼ もの」「❽ 疾患」の「⓫ 変化」「⓬ 機能」「⓭ 関係」などが明らかにされる．
- 「❺ 対象」に対して「❾ 処理」を行って，その「⓫ 変化」「⓬ 機能」「⓭ 関係」が調べられる場合もある．
- それらは「⓮ 定量値」を求めることによって客観化される．
- 「❿ 場所」も重要な要素である．

　第2部では，この15のグループ別に章を設けてよく使われる動詞の組み合わせや用例を解析している．図 1-2-1 の単語以外にも，研究対象の固有名詞は主語としてよく用いられる．ここでは固有名詞を取り上げていないが，もし扱っているものがタンパク質であれば protein など，遺伝子であれば gene などの対象と意味が近い名詞を参考にして動詞を選択すればよい．各研究分野の専門用語も主語としてよく用いられるので，関連論文で用法をチェックしておこう．

2 論文らしい長めの主語のつくり方

　論文英語の特徴として，**能動態の文では短い語句が主語となる**ことがあげられる．たとえば we や this study などが主語となる場合である．逆に，**受動態の文では比較的長い名詞句が主語（主部）として用いられることが多い．**たとえば，

> **例文 1**
> **The promoter activity of the cyp2b gene** is induced by the addition of the CAR agonist.
> （cyp2b 遺伝子のプロモーター活性は，CAR 作動薬の添加によって誘導される）

のような文では，主語である activity（活性）を前と後ろから修飾して長い主部がつくられる．activity を限定して「cyp2b 遺伝子のプロモーター活性」のように具体的に示すためである．多くの文では，主語を1つの単語で表現することが困難なので修飾語を用いて限定する．このような長くて修飾関係がわかりにくい名詞句は，目的語よりも主部（主語）として用いられることが多い．それは目的語にすると修飾関係が複雑になり，わかりにくくなるからであろう．

　ところでこの文は cyp2b gene について述べたものである．したがって文の主題はこの cyp2b gene であり，文の内容を日本語で考えると「cyp2b 遺伝子は，プロモーター活性が CAR 作動薬の添加によって誘導される」のようになるだろう．「cyp2b 遺伝子のプロモーター活性」を主語と考えた方が英文は書きやすいのだが，上でも述べたが日本語の発想ではどうしても主題である「cyp2b 遺伝子」を主語のように扱いたくなる．ここに英文を書くときの大きなポイントがある．これは，日本語の名詞の場合，修飾語を前にしか置けないという組み立ての難しさにもよる．英語では，修飾語を名詞の前と後の両方におけるので，より論理的な構成の文を組み立てやすい．前項でも述べたが，まず**主題が主語となるかどうかの切り分けを行い，直接の主語ではない主題を主部すなわち長い主語の一部に取り込むように組み立てることである．**

3 主題を無視して英語らしい主語-動詞の骨格をつくる

　日本語では主題を大切にするあまり，主語が何であるべきかを見失いがちだ．たとえば次のような例「EGF 受容体は，キナーゼ活性の 30％低下が認められた」を考えてみよう．この文の「EGF 受容体」はあたかもこの文の主語のようである．しかし，実は，主題であって主語ではない．なぜなら，「認められた」に対応する主語は「低下」であるべきだからだ．そこで，次のように日本語を組み立て直さなければならない．

①まず主題である"EGF 受容体"を考えないようにする．②次に残った「キナーゼ活性の 30 ％低下が認められた」を，③さらに考えて，「キナーゼ活性が低下した」というように"変化"を意味する名詞を動詞化する．「認められた」は，必ずしも書く必要はないであろう．④そうすると主語と動詞を決めて英語らしい文を書きやすくなる．⑤最後に主題である the EGF receptor を主部の一部として取り入れる．程度を表わす 30 ％は最後に付け加えればいいであろう．ポイントは，主題にとらわれすぎないように主語と動詞を決めることである．言い換えれば，主題である「研究対象」そのもののことを横に置いて，「現象」や「もの（研究対象の属性）」がどうなるのかについてだけ考えてみるようなロジックの組み立てが必要であるということだ．

---

① <u>EGF 受容体</u>は，キナーゼ活性の 30 ％低下が認められた
  ↓ 主題（下線部）を考えないようにする
② キナーゼ活性の 30 ％低下が認められた
  ↓ 変化を意味する名詞を動詞化する
③ キナーゼ活性が低下した
  ↓ 英訳
④ The kinase activity was decreased.
  ↓ 主題を主部の一部として付け加える
⑤ The kinase activity of the EGF receptor was decreased by 30%.
 （EGF 受容体のキナーゼ活性が 30 ％低下した）

---

4 主語と動詞の組み合わせの選び方

　主語の次に来るのは動詞である．特に論文では受動態の用例が多いので，主語と動詞の 2 つで文の骨格が決まってくると言えるほどだ．重要なことは主語を何にするか，動詞を何にするかを別々に考えるのではなく，**主語と動詞をセットで考える**ことである．**図 1-2-2** には，**図 1-2-1** で分類した主語に対してよく使われる動詞がまとめてある．比較的類似した動詞が用いられる分類としては

・「❶ 著者・論文」「❷ 分析研究」「❸ 研究結果」
・「❻ 現象」「⓫ 変化」「⓭ 関係」

などがある．また，「❽ 疾患」「❾ 処理・治療」は一部共通するが異なる動詞との組み合せもある．第 2 部で詳しく示すが，同じ分類の中でも動詞の組み合せが異なるものもかなりあって一概には言えないが，使える組み合せをできるだけ整理しようというのが本書の趣旨である．

背景・仮説・結論を述べるとき
（主に序論・考察・方法）

❶ 著者・論文
report / show / demonstrate / suggest / conclude / describe / review / discuss / present / provide / summarize / propose / find / identify / examine / study / investigate / test / use / compare / analyze / assess / evaluate / explore / focus on / address

⓯ 目的
be to determine / be to examine / be to investigate / be to assess / be to evaluate / be to test / be to compare / be to develop / be to identify / be to characterize / be to define

❷ 分析研究
suggest / indicate / show / reveal / demonstrate / confirm / establish / provide / allow / support / describe / be designed to / be performed / be conducted / be carried out / be done / be undertaken / be needed / be required / be used / examine / include / be based on / identify / find / detect

❸ 研究結果
suggest / indicate / demonstrate / show / reveal / establish / confirm / imply / argue / raise the possibility / provide / support / implicate / highlight / define / allow / be confirmed / be presented / exist / be discussed / be compared / be analyzed / be collected / be obtained / identify / be observed / be found

❹ 方法
be used / be employed / be performed / be applied / be developed / be tested / be described / be resulted in / allow / provide / offer / use / be based on / require / involve / be supported

---

研究内容を述べるとき
（主に結果・方法）

❺ 対象
show / exhibit / display / produce / fail to / develop / undergo / die / be found / be identified / be isolated / be treated / be generated / be infected / be injected / be exposed / be examined / be analyzed / be studied

❻ 現象
occur / be observed / be found / be detected / be associated with / be required / require / result in / increase / be increased / decrease / be reduced / be blocked / be inhibited

❼ もの
be expressed / contain / include / be required / play / mediate / form / be used / bind to / be regulated / be localized / be located / be involved in / be associated with / be found / be identified / be detected / be observed / be isolated / appear / be known / be induced / be increased

❽ 疾患
be associated with / be characterized by / result in / lead to / cause / occur / be caused by

❾ 処理・治療
result in / lead to / cause / evoke / induce / increase / reduce / be associated with / include / be initiated / be discontinued

❿ 場所
be found / be identified / be mapped / be located / be required / be involved in / contain / be conserved / be mutated / be replaced

⓭ 定量値
increase / decrease / be increased / be elevated / be reduced / be decreased / be induced / be enhanced / be inhibited / be suppressed / be blocked / range from / require / be associated with / correlate with / be required / depend on / be mediated / be regulated / result in / lead to / appear / remain / occur / be observed / be found / be detected / be measured / be determined / be assessed / be examined / be evaluated / be calculated

⓫ 変化
occur / be observed / be found / be seen / be detected / be associated with / correlate with / require / be mediated / involve / be accompanied by / suggest / appear / result in / lead to / increase / be blocked / be inhibited

⓬ 機能
be required / require / involve / be involved in / be regulated / be mediated / depend on / be associated with / regulate / mediate / play / be used / remain / appear / contribute to / result in / lead to / occur / be found / be observed / be initiated / be blocked / be inhibited

⓭ 関係
occur / be observed / be found / be seen / be noted / be detected / be associated with / be mediated / require / exist / be blocked / be inhibited / suggest / appear

◆図 1-2-2　各分類でよく使われる動詞

◆表 1-2-1　we と共によく使われる動詞

分類	動詞	和訳	用例数
i	show	〜を示す	39035
iii	find	〜を見つける	27384
i	report	〜を報告する	22419
i	demonstrate	〜を実証する	18035
ii	use	〜を使う	13084
ii	examine	〜を調べる	11835
i	conclude	〜を結論する	11833
i	propose	〜を提案する	10467
ii	investigate	〜を精査した	9648
i	describe	〜について述べる	9230
iii	identify	〜を同定する	8812
i	present	〜を提示する	6893
i	hypothesize	〜を仮定する	5338
ii	study	〜を研究する	5304
iii	observe	〜を観察する	5054
ii	test	〜をテストする	4964
i	suggest	〜を示唆する	3874
ii	compare	〜を比較する	3787
ii	determine	〜を決定する	3786
ii	analyze	〜を解析する	3592

数字は LSD コーパス中での出現回数を示す

5　we はすべての基本

次に個々の名詞や代名詞に対する動詞の組み合せについて具体的に考察してみよう．まず，**we は論文で最もよく使われる主語**である．なぜなら，we は論文の著者であり，仮説を立ててそれを検証するためにさまざまな研究調査を行い，データを収集して検討し，結論を導いてそれを主張する．論文の中では，we は研究対象に次ぐ重要な存在であるからだ．

we とともによく使われる動詞を**表 1-2-1** に示すが，これらは以下の 3 つに**分類**できる．

i) 研究内容をこの論文で示すことを意味し，Introduction や Discussion でよく使われる動詞；show, report, demonstrate, conclude, propose, describe, present, hypothesize, suggest

> In this study, we show that 〜．
> （この研究において，我々は〜ということを示す）
> Here, we report that 〜．
> （ここに，我々は〜ということを報告する）

ii) 研究の実施を意味し，Results や Materials and Methods でよく使われる動詞；use, examine, investigate, study, test, compare, determine, analyze

> To determine the role of these receptors, we examined 〜．
> （これらの受容体の役割を決定するために，我々は〜を調べた）

iii) 研究結果を示すために Results でよく使われる動詞；find, identify, observe

> We found that 〜．（我々は〜ということを見出した）

代名詞である we には修飾語が付くことはないので，主語としては非常に短いものになる．そのため上記の例にもあるように文頭に副詞や副詞句が用いられ

◆表 1-2-2　表 1-2-1 の動詞に対して最もよく用いられる人以外の主語

主語	動詞		用例数
result	show	結果は，〜を示す	6946
★study	find	研究は，〜を見つける	311
★study	report	研究は，〜を報告する	297
result	demonstrate	結果は，〜を実証する	8700
★method	use	方法は，〜を使う	168
study	examine	研究は，〜を調べる	1878
☆study	conclude	研究は，〜を結論する	33
★model	propose	モデルは，〜を提案する	103
study	investigate	研究は，〜を精査する	1007
paper	describe	論文は，〜について述べる	488

主語	動詞		用例数
result	identify	結果は，〜を同定する	1025
★paper	present	論文は，〜を提示する	169
☆study	hypothesize	研究は，〜を仮定する	11
☆paper	study	論文は，〜研究する	6
☆study	observe	研究は，〜を観察する	14
study	test	研究は，〜をテストする	484
result	suggest	結果は，〜を示唆する	21367
study	compare	研究は，〜を比較する	438
study	determine	研究は，〜を決定する	238
★study	analyze	研究は，〜を解析する	96

数字は LSD コーパス中での出現回数を示す

ることが比較的多い．また，that 節を目的語にする場合が非常に多い．ただし，あくまで論文の主役は研究対象であるので，**we が目立ちすぎないようにする**ことも論文執筆の際に考慮すべき点である．

6　日本人が間違いやすい用法（「もの」に使えない動詞）

　上記で述べたように，人を意味する単語で主語に用いられることが圧倒的に多いのは we である．**表 1-2-1** は，we と共によく使われる動詞のランキングであるが，これらの動詞のうち，どれが「もの」を主語にできない動詞であるかわかるだろうか？

　答えは**表 1-2-2** にある．表の数字からわかるように，これらの動詞のうち，**conclude，hypothesize，study，observe は，人以外のものが主語に使われることはほとんどない**．さらに，find, report, use, propose, present, analyze についても，「もの」が主語になることは非常に少ないと言えるであろう．また，逆に suggest は，we よりも「もの」が主語になることが多い．このように，**よく使われる主語と動詞の組み合わせに習熟することが必要である**．図 1-2-1 および**表** 1-2-2 にまとめた名詞（代名詞）のおのおのについては，**第 2 部**に詳しくまとめてあるので活用しよう．

> **まとめ**
> ① 主題（研究対象）が主語になるかどうかの切り分けを行う．
> ② 主題にとらわれすぎないように主語を選ぶ．
> ③ 主語と動詞はセットで考える．
> ④ よく使われる主語と動詞の組み合わせに習熟する（第 2 部を活用する）

第 1 部　日本人が間違いやすい英作文のポイント ❾

主語が肝心

❸ 文の柱となる"主語–動詞"の骨格を決めよう

　本書のメインテーマは，論文を書くときの「主語の決め方」である．第 2 部で，主語と動詞の組み合わせの一覧表と用例を紹介しているが，これをうまく使いこなすためには，主語としてよく用いられる名詞について包括的に学んでおくことが必要だろう．前章（図 1-2-1 と図 1-2-2）で示したようにこれらはいくつかのグループに分けられ，それぞれのグループで使い方に共通性がある．このような共通性，さらにはそれぞれの違いに着目し，各々の名詞に対して実際に**組み合わせて使われる動詞**のパターンを身に付けることが大きなポイントである．本項では，これらについてさらに具体的に示す．

1　背景・仮説・結論に関連する名詞と動詞の使い分け

　前章（図 1-2-1）で示した論文で主語としてよく用いられる名詞 117 語とその分類のうちの「❶ 著者・論文」「❷ 分析研究」「❸ 研究結果」に分類される名詞（代名詞）は，論文の Introduction や Discussion で特によく使われる．これらの名詞（主語）に対して使われる動詞はかなりの部分が共通しているが，主語と動詞の組み合わせは意外に複雑である．**2 つの主語を考えた場合に，ある動詞は両方に対して使えるが，ある動詞はどちらか一方にしか使えないということがよくある．**たとえば，we demonstrate（我々は～を実証する）という用例は非常に多いが，results demonstrate とも言えるだろうか？　答えは「言える」が正解だ．results demonstrate の用例も非常にたくさんある．では，results conclude も同じように使われるだろうか？　we conclude（我々は～を結論する）の用例は非常に多いが，残念ながら results conclude の用例はほとんどない．使えないと考えた方がよいだろう．

　このような「もの」を主語にできない動詞を見極めるにはどのようにすればいいのだろうか？　demonstrate（実証する）と conclude（結論する）はどちらも that 節を目的語にすることが多く意味も近い動詞ではあるが，主語となる単語は少し違うようである．この違いがどこから出てくるのかは，残念ながら考えてもなかなかわかるものではない．調べて覚えておくしかないだろう（**表 1-3-1 参照**）．以下，このような主語と動詞の使い分けの共通性と違いについて述

◆表 1-3-1　「著者・分析研究・研究結果」の名詞（主語）と動詞の組み合わせ

主語			動詞	1		2			3
				conclude 結論する	propose 提案する	find 見つける	examine 調べる	investigate 精査する	identify 同定する
著者・論文	著者	我々	we	11833	10467	27384	11835	9648	8812
分析研究	研究	研究	study	33	35	311	1878	1007	1076
		実験	experiment	0	2	17	87	40	151
	分析	分析	analysis	3	3	90	42	8	1050
		アッセイ	assay	0	0	8	2	0	138
研究結果	結果	結果	result	3	11	2	1	0	1025
		データ	data	2	2	5	0	0	415
		知見	finding	1	6	1	0	0	431
		観察	observation	0	4	3	0	0	69
	証拠	証拠	evidence	0	11	3	0	0	2

	3				4		5	6
	show 示す	demonstrate 実証する	provide 提供する	suggest 示唆する	reveal 明らかにする	indicate 示す	support 支持する	imply 意味する
we	39035	18035	3109	3874	168	7	26	2
study	5068	5411	2395	5015	2777	3995	602	49
experiment	1699	1298	223	805	945	1152	111	9
analysis	4343	2265	322	1466	5216	2991	136	20
assay	1212	947	135	163	793	608	16	3
result	6946	8700	3902	21367	1528	14034	2751	560
data	3241	4105	2440	13770	1004	7124	2470	311
finding	758	2174	1671	7538	697	3565	1438	245
observation	186	333	408	2180	144	837	367	102
evidence	161	76	17	2185	25	934	333	12

※ ■ は，非常に頻度の高い組み合わせ．■ は使われるがやや頻度が低い組み合わせ．白い部分はほとんど使われない組み合わせ

べる．

コーパス解析を見れば主語-動詞の使い分けは一目瞭然

　表 1-3-1 には，「❶ 著者・論文」および「❷ 分析研究」「❸ 研究結果」の分類に入る代表的な名詞（主語）に対してよく使われる動詞の LSD コーパス中での出現回数が示してある．まずは，よく使われるものから選んで使ってみよう．念のために説明しておくと以下のようになる．念のためというのは，文章で説明するとなかなか複雑なものであるが，表を見れば一目で分かるからだ．以下は，必ず表を見ながら読んでいただきたい．

1. もっぱら人が行う行為である conclude や propose に対する主語としては，we が用いられることが圧倒的に多い．逆に，we 以外が主語になることはほとんどない．このような動詞の例としては，他に study，test，use，observe などがある．

2. find，examine，investigate に対して，we 以外にも study が主語としてよく用いられる．しかし，他の名詞が主語となることはほとんどない．このよ

うに主語として使われる study は，組み合わせることができる動詞の種類が他の名詞よりもかなり多い．

3. **identify, show, demonstrate, provide, suggest** は，we, study, analysis, result, data, finding, observation などこの分類の非常に広い範囲の主語に対して用いられる．

4. **reveal, indicate** や以下に述べる support, imply に対しては，we が主語になることはまれである．しかし，studies, experiments, analysis, assay, results, data, findings, observations などの非常に広い範囲の名詞を主語にできる．

5. **support** や次の imply には，使われる動詞の種類がやや少なくなる．results, data, findings, observation, evidence が主語として用いられることが非常に多い．また，study が用いられることもある．

6. **imply** に対しては，results, data, findings だけが主語としてよく用いられる．

※ なお，evidence は用いられる動詞がやや少なく，suggest, indicate, support だけが特によく用いられる．

以上，押さえるべきポイントはよく使われる主語に対して用いられる動詞とその使い方のパターンを学ぶことである．もし主語と動詞の組み合わせについて疑問に思ったときは，この表や第 2 部などで確認しよう．

2 「著者・分析研究・研究」各分類の名詞に対する動詞の使い分けの関係

図 1-3-1 は，表 1-3-1 をもとに，3 つの分類の名詞（主語）に対する動詞の使い分けを直感的にわかるようにまとめたものである．**類似の意味や用法の名詞を比較し，使われる動詞の違いを理解することが肝心だ．**

ここでは，実際によく使われる組み合わせの具体例を示す．

① 中央に示す **identify, show, demonstrate, provide, establish, suggest** は，この 3 つの分類の名詞いずれに対しても用いられる．

> **例文 2** ❶ 著者
>
> **We show** that increases in neuronal spike rate are accompanied by immediate decreases in tissue oxygenation.
>
> （我々は，ニューロンのスパイク速度の増大が組織の酸素添加の即座の低下を伴うということを示す）

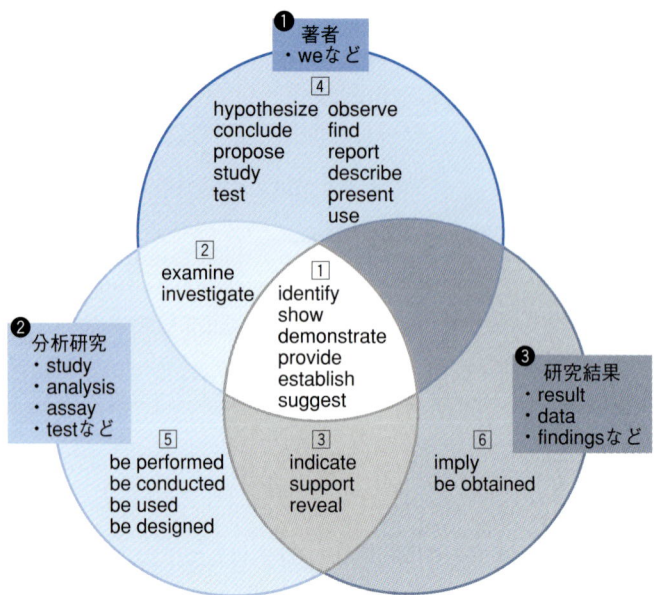

◆図 1-3-1　主語と動詞の分類イメージ

例文 3　❷ 分析研究

These studies suggest that fat intake is correlated with the risk for colorectal cancer.

（これらの研究は，脂肪摂取が結腸直腸がんのリスクと相関するということを示唆する）

例文 4　❸ 研究結果

These results demonstrate that the mutations modulate intracellular calcium signaling pathways.

（これらの結果は，それらの変異が細胞内カルシウムシグナル経路を調節するということを実証する）

2 examine，investigate は「❶ 著者」および「❷ 分析研究」の分類の名詞に対して用いられるが，「❸ 研究結果」の名詞には使われない．つまり，results examined ～とはならないということである．

例文 5　❶ 著者

We investigated whether T cells infected with HIV are more susceptible to Fas-induced death.

（我々は，HIV に感染した T 細胞が Fas で誘導される死に対して，より感受性であるかどうかを精査した）

例文 6 ❷ 分析研究

This **study examined** whether the adverse effects of prenatal exposure to tobacco on lung development are limited to the last weeks of gestation.

（この研究は，タバコへの出生前の曝露の肺発生に対する有害作用が妊娠の最後の週に限られるかどうかを調べた）

3 indicate，support，reveal は「❷ 分析研究」と「❸ 研究結果」の名詞に対して共通に用いられるが，「❶ 著者」の分類の名詞にはあまり用いられない．we indicate 〜，we support 〜 という使い方は非常に少ない．

例文 7 ❷ 分析研究

Pathological **analysis reveals** that the most likely primary site of origin includes colon and kidney.

（病理学的分析は，起源のもっともありそうな原発部位が大腸と腎臓を含むということを明らかにする）

例文 8 ❸ 研究結果

These **results support** the idea that high iodine intake can induce autoimmune thyroiditis in genetically predisposed animals.

（これらの結果は，高いヨードの取り込みが遺伝的に素因のある動物において自己免疫性甲状腺炎を誘導しうるという考えを支持する）

4 仮説を立て（hypothesize）たり，結論を出し（conclude）たり，提案し（propose）たり，報告し（report）たりするのは，「研究」ではなく「著者」だけである．人の意思が働くような場合には「❶ 著者」のみが主語となると考えよう．

例文 9 ❶ 著者

We conclude that patients with some endogenous insulin secretory capacity do not depend on insulin for immediate survival.

（我々は，いくらかの内在性インスリン分泌能をもつ患者は即時の生存のためにインスリンには依存しないということを結論する）

5 be performed，be conducted などは，「❷ 分析研究」の名詞に対してのみ用いられる．results were performed，we were performed などが用いられることはないといってよいだろう．

例文 10 ❷分析研究

Specialized **tests should be performed** on an appropriately prepared tumor biopsy to diagnose responsive endometrial cancer.
(特殊化されたテストは，応答性の子宮内膜がんを診断するために適切に調製された腫瘍生検に対して行われるべきである)

6 imply, be obtained が用いられるのは「研究結果」の名詞に対してのみである．

例文 11 ❸研究結果

The **findings imply** that chemokine networks serve important functions at the maternal-fetal interface.
(その知見は，ケモカインのネットワークが母体と胎児の接点において重要な役割を務めるということを意味している)

このような主語と動詞の組み合わせの使い分けは，その単語の意味を考えればある程度想像できることが多い．しかし，日本語に訳した意味で考えてもよくわからない場合がかなりあるのも事実だ．また絶対に使えないというわけではないが，用例は非常に少ないという組み合わせもたくさん存在する．本項に示す分類は，このような使い分けに習熟するために非常に有益であろう．ただし同じ分類に含まれる名詞でも，たとえば study と analysis とでは全く意味が異なる単語であるので使い方も当然違ってくる．そのためこの図だけを頼りにするのは危険なので，第2部で示すように個々の単語ごとにその実態を調べる必要がある．

3 「研究内容に関連する名詞」と動詞の使い分け

次は，「❻現象」「❼もの」「❽疾患」「⓫変化」「⓬機能」「⓭関係」「⓮定量値」の名詞を取り上げる．前章の図 1-2-1 の下半分「研究内容に関連する名詞」の主なものである．表 1-3-2 は，これらの名詞とそれに対して用いられる動詞の組み合わせを示している．数字は出現回数であるが，この数からどの組み合わせが多く使われるのかを判断できる．使われる語の重なりが複雑なので，図 1-2-2 のように集合を円の重なりで示すことは難しい．その代わりに表 1-3-2 を見て，よく使われる動詞，使われるが多くはない動詞，ほとんど使われない動詞のように分けて考えるとよいだろう．

たとえば，「⓭関係」の分類の名詞（response, difference, correlation）には be observed, be found などの「発生・同定」の分類の動詞がよく使われ，他の動詞が使われることは少ない．

◆表 1-3-2　論文で主語としてよく用いられる名詞と動詞の組み合わせ．数字は，LSD コーパス中での出現回数を示す．

主語		動詞	発生・同定				解釈・結果		
			be observed 観察される	be found 見つけられる	be detected 検出される	occur 起こる	cause 引き起こす	result in の結果になる	lead to につながる
❻ 現象	変異	mutation	87	449	212	288	566	651	248
	事象	event	48	7	20	408	11	44	44
❽ 疾患	感染	infection	33	26	41	210	86	214	93
❼ もの	メッセンジャーRNA	mRNA	82	149	342	-	5	-	-
❸ 関係	応答	response	358	65	120	238	9	36	39
	違い	difference	654	466	123	56	2	14	7
	相関	correlation	311	271	16	5	1	2	0
⓫ 変化	変化	change	376	98	68	538	19	65	37
	活性化	activation	125	45	30	278	41	165	138
⓮ 定量値	発現	expression	399	224	388	295	52	321	197
	活性	activity	465	216	310	190	56	189	125
	レベル	level	183	128	70	-	14	68	51
⓬ 機能	経路	pathway	-	-	7	50	25	101	102
	過程	process	23	31	4	139	11	37	42

	性質					変化				計画・遂行
	be associated with と関連している	be regulated 調節される	involve 含む	require 必要とする	play 果たす	be induced 誘導される	be increased 増大する	be reduced 低下する	be inhibited 抑制される	be determined 決定される
mutation	145	1	17	8	14	6	1	7	2	15
event	53	23	28	30	16	4	7	6	8	4
infection	267	6	28	-	16	5	6	11	9	31
mRNA	28	35	8	-	10	126	97	48	10	26
response	141	39	66	91	49	91	17	55	73	-
difference	18	1	4	2	6	0	2	12	0	7
correlation	6	0	0	1	2	2	0	0	0	4
change	150	9	32	20	11	27	4	6	12	18
activation	102	37	84	311	96	25	24	36	93	-
expression	294	422	31	190	54	412	486	184	95	133
activity	268	292	41	392	103	102	298	250	379	147
level	230	80	0	11	19	35	414	283	14	198
pathway	-	47	133	91	374	22	10	6	40	8
process	29	71	190	158	27	6	2	4	34	7

※ ▇ は，非常に頻度の高い組み合わせ．▨ は使われるがやや頻度が低い組み合わせ．白い部分ははほとんど使われない組み合わせ

例文 12

No **difference was found** in p53 expression.

（p53 の発現に違いは見られなかった）

また，「⓬ 機能」の分類の名詞（pathway, process）には，lead to, require などの「解釈・結果」「性質」の動詞が非常によく使われる．

例文 13

This **process requires** activation of NF-κB.

（この過程は，NF-κB の活性化を必要とする）

一方，「⑭定量値」の分類の名詞のうち expression と activity は使われる動詞の種類がとても多いことが表からみてとれる．表に示すのは代表的な単語のみであるが，類似の単語についてもある程度推測できるだろう（個々の単語についての具体例は第2部で詳しく示す）．よく使われる組み合わせ——たとえば前述した「process requires ～」——を連語として覚えておけば，使いこなすことはそれほど難しくない．

4 主語と動詞の選び方のコツ

さて，ここで示した情報をどのように利用するか？ それが最も重要な問題である．もし，ある程度「こういう意味の単語（表現）を使いたい」というものがあるのであれば，まずは**図 1-2-1** 示したリストのなかから適当な単語を探してみよう．そして**第2部**の該当する項目を見れば，選んだ名詞に対してよく使われる動詞を見つけることができる．論文に限らず文を書くときには**同じ単語，同じ表現のくり返しを避ける**べきである．そのため分類リストにある単語をいくつか習得して，使える単語のレパートリーを増やすことが実践的な意味をもつであろう．このような単語を使いこなすために大切なことは，**自分で考えた文のスタイルに単語を当てはめようとするのではなく，選んだ単語の用法に従って文を組み立てる**ことだ．第2部を活用すれば，様々な種類の内容の文に応用できる単語がみつかるはずである．

まとめ

① よく使われる主語に対してよく用いられる動詞と，その使い方のパターンに習熟する．
② 類似の意味や用法の名詞を複数習得し，使える単語のレパートリーを増やす．
③ 選んだ単語を自分の考えた文のパターンに当てはめようとするのではなく，その単語の用法に従って用いるようにする．
④ これらのコツを習得するために本書で示すリストや図を活用しよう．

QUIZ

●次の文のなかで用法的な誤りがあるのはどれでしょうか？

① **These results suggest that 〜.**（これらの結果は，〜ということを示唆する）
② **These results conclude that 〜.**（これらの結果は，〜ということを結論する）
③ **These results demonstrate that 〜.**（これらの結果は，〜ということを実証する）

①の suggest の主語には，results, data, findings などの「研究結果」を用いることが望ましい．We suggest の用例もあるが，避けた方がよいだろう．
②の conclude は，人を主語にする動詞である．results は主語にならないので，results conclude は誤り．We conclude that とすべきである．
③の demonstrate は，研究結果でも人でもどちらでも主語にできる．We demonstrate that の用例も非常に多いので正しい．

答えは②

主語が肝心

第1部 日本人が間違いやすい英作文のポイント 9

4 動詞に続けて使われる語句
―目的語・補語・副詞句

　動詞に続けて使われる主なものとして，名詞（句），形容詞，前置詞などがある．名詞（句）は目的語または補語として，形容詞は補語として，前置詞は副詞句を導く語として用いられる．これらは，文を組み立てる際に極めて重要なものである．本項ではこれらについて詳しく解説する．

1 動詞＋名詞（句）

ⅰ） 他動詞＋名詞／名詞句（目的語）

● 目的語として用いられる名詞の分類（図 1-4-1）

　目的語としてよく使われる名詞を用途や組み合わされる動詞によって分類すると，主に ❶ 発見・開発，❷ 理論・性質，❸ 関係・機能，❹ 測定・変化の 4

動詞：report, describe など

発見	開発
identification, isolation, results, characterization, discovery, cloning, cloning	use, synthesis, generation, construction, purification, development

❶ 発見・開発の名詞

動詞：support, suggest など

理論	性質
hypothesis, idea, notion, rationale, concept, conclusion, view, model, mechanism, role, foundation, system	possibility, importance, existence, presence, utility, usefulness, potential

❷ 理論・性質の名詞

動詞：examine, study など

関係	機能
effect, interaction, relationship, relation, association, influence, impact	mechanism, regulation, role, function, distribution, structure, efficacy, safety

❸ 関係・機能の名詞

動詞：reduce, affect など

activity, ability, expression, rate, number, level, frequency, function, activation, prevalence, growth, incidence, amount, amplitude, sensitivity, risk, conversion, binding, transcription, extent, increase, decrease, reduction

❹ 測定・変化の名詞

◆図 1-4-1　目的語となる名詞の分類

◆表1-4-1　動詞と目的語として用いられる名詞の組み合わせ

examined 調べた	investigated 精査した	study 研究する	test テストする	determine 決定する	evaluate 評価する	assess 査定する	understand 理解する	demonstrate 実証する	support 支持する	suggest 示唆する	provide 提供する	propose 提案する	report 報告する	describe 述べる	reduced 低下させた	affect 影響する	regulate 調節する	have もつ	play 果たす	動詞 / 目的語	
0	0	2	0	1	1	0	0	2	14	0	1	0	866	215	2	0	0	0	0	同定 the identification	発見・開発 ❶
0	0	0	0	0	0	0	0	4	0	2	0	0	364	184	0	1	0	0	0	単離 the isolation	
26	61	4	3	5	29	18	1	98	236	18	0	23	174	142	9	7	3	0	0	使用 the use	
2	2	4	0	0	0	1	1	4	9	2	0	0	100	76	1	12	6	0	0	産生 the generation	
105	115	5	1591	0	35	9	0	0	2089	26	0	13	0	0	0	0	0	0	0	仮説 the hypothesis	理論・性質 ❷
3	0	0	27	0	0	0	0	1	408	0	0	0	0	0	0	0	0	0	0	考え the idea	
6	14	5	2	8	1	1	0	244	584	784	2	37	22	31	0	0	0	680	5457	役割 a role	
4	1	4	6	1	1	1	0	1	1176	609	220	845	3	40	0	2	0	1	0	モデル a model	
2	2	0	1	3	0	0	0	30	91	392	423	137	22	44	0	0	0	8	0	機構 a mechanism	
103	170	3	43	0	22	24	0	13	67	185	3	0	0	0	0	0	0	0	0	可能性 the possibility	性質
30	48	30	55	91	51	73	18	287	55	65	0	0	2	3	0	0	0	0	0	重要性 the importance	
2	2	1	2	3	1	1	0	197	149	285	0	28	36	6	0	0	0	0	0	存在 the existence	
2197	1396	680	153	940	450	545	63	26	0	1	0	0	96	82	37	1	3	7	0	効果 the effect(s)	関係 ❸
143	147	150	0	12	16	13	29	7	5	7	0	0	14	22	11	48	19	0	0	相互作用 the interaction(s)	
297	185	94	14	197	80	90	100	4	1	1	0	0	1	21	0	1	0	0	0	関連性 the relationship(s)	
135	77	34	7	102	93	143	24	6	0	0	0	0	4	6	3	3	0	0	0	影響 the impact	
184	437	304	3	326	39	22	603	7	3	10	9	1	18	20	1	9	0	0	0	機構 the mechanism(s)	機能
91	110	89	0	4	8	2	72	3	1	0	0	0	7	9	0	0	16	0	0	調節 the regulation	
844	1032	458	156	736	302	360	393	44	106	7	0	0	7	36	0	1	1	0	17	役割 the role(s)	
360	200	56	69	92	85	70	2	214	7	2	12	0	21	13	128	180	22	218	0	能力 the ability/abilities	測定・変化 ❹
417	197	78	3	61	23	31	2	33	7	1	0	1	66	41	107	131	411	1	0	発現 the expression	
50	20	16	9	18	18	14	0	4	4	0	0	0	8	8	70	94	226	2	0	活性 the activity/activities	
25	8	19	1	104	7	13	0	0	0	0	0	0	1	5	131	107	34	0	0	割合 the rate(s)	

※数字は7,500万語のLSDコーパス中での出現回数を示す
　よく使われる組み合わせを ▉ で示した

つに分けられる（図 1-4-1）．

　あとで述べるように，主語としてよく用いられる「もの」の名前は，目的語としてはそれほど多くは使われない．これらの名詞（目的語）に対してよく使われる動詞を表 1-4-1 にまとめた．ここからそれぞれの分類ごとに決まったパターンがあることがわかるだろう．

❶ 「発見・開発」の分類の名詞は，report, describe などの目的語として用いられる．

例文 14
We **report the identification** of a hepatic-specific transcription factor.
（我々は，肝特異的転写因子の同定を報告する）

例文 15
Here we **describe the use** of novel imaging techniques.
（ここに我々は，新規の画像処理技術の使用について述べる）

❷ 「理論・性質」の分類の名詞は，support, suggest, demonstrate などの目的語として用いられる．

例文 16
These data **support the hypothesis** that this technique could elucidate the tissue of origin of metastatic lesions.
（これらのデータは，この技術が転位性病変の起源の組織を解明しうるという仮説を支持する）

例文 17
These findings **demonstrate the importance** of identifying more potent vaccine.
（これらの知見は，より強力なワクチンを同定することの重要性を実証する）

❸ 「関係・機能」の分類の名詞は，examine, investigate, study, test, determine, evaluate, assess などの目的語としてよく使われる．

例文 18
We **examined the relationship** between aging and stem cell dysfunction.
（我々は，老化と幹細胞機能障害の間の関連性を調べた）

> **例文 19**
> To **determine the mechanism** of the upregulation, we investigated the signal transduction pathways involved in these processes.
> （その上方制御の機構を決定するために，我々はこれらの過程に関与するシグナル伝達経路を精査した）

❹ 「測定・変化」の分類の名詞は，reduce, affect, regulate などの**目的語**としてよく用いられる．

> **例文 20**
> The tissue inhibitors of metalloproteinases **regulate the activity** of matrix metalloproteinases.
> （メタロプロテアーゼ組織阻害因子は，マトリックスメタロプロテアーゼの活性を制御する）

　もう一つ注目すべき点は，冠詞に a を使うか the を使うかでも用法が大きく異なる場合があることだ．たとえば the mechanism や the role は，examine, study, understand などとよく用いられて「❸ 関係・機能」に分類される．一方，the の代わりに a を使った a mechanism や a role は，support, suggest などと組み合わせて用いられるので用法的には「❷ 理論・性質」に分類される（ここでの分類は，意味よりも用法に基づいている）．

● 主語として用いられる名詞と目的語として用いられる名詞の違い

　目的語としてよく使われる名詞のなかには，主語としてはあまり用いられないものが多数ある．このような名詞（たとえば identification, isolation, characterization, synthesis, generation, purification など）の特徴として，**動詞型の存在**が挙げられる．文章をわかりやすく書くためには，難しい抽象名詞を主語とするよりも動詞型があるものはそれを使うようにすることが重要である．たとえば，

> △　The **identification** of a novel transcription factor was performed.
> 　（新規転写因子の同定が行われた）

よりも

> ◎ We **identified** a novel transcription factor.
> （我々は，新規転写因子を同定した）

の方がストレートでわかりやすい．

このように，主語に identification を使うよりは，動詞の identify を使う方が望ましいと言える．特に，**be performed** や **occur** などの動詞を使いたくなったときには，抽象名詞を用いたわかりにくい英文を書こうとしていないか点検する必要がある．一方，

> ◎ Here we report the **identification** of a novel transcription factor.
> （ここに我々は，新規転写因子の同定を報告する）

というのは，必ずしも回りくどい表現ではなく，通常よく使われる表現である．このような理由から**目的語としてよく使われる名詞のうちのかなりの部分は，主語として使うことをあまりお勧めできない**．もちろん，図 1-2-1 と図 1-4-1 の両方に載っている名詞はその限りではない．

ⅱ）自動詞＋名詞／名詞句（補語）

名詞を補語とする**自動詞**のうち論文でよく用いられるものとしては **be** 動詞が圧倒的に多い．このときよく用いられる名詞／名詞句には下記の表のようなものがある．あとに特定の前置詞を伴うことも多い．

英語表現	和訳	用例数	英語表現	和訳	用例数
be a member of 〜	〜のメンバーである	2301	be a substrate for 〜	〜に対する基質である	361
be a component of 〜	〜の構成要素である	866	be a key regulator	重要な調節因子である	322
be a consequence of 〜	〜の結果である	696	be a target for 〜	〜の標的である	293
be a risk factor	リスク因子である	461	be a marker	マーカーである	288
be a potent inhibitor	強力な阻害剤である	431	be a critical component	決定的に重要な要素である	275
be a mechanism	機構である	426	be a target of 〜	〜の標的である	270
be a major cause	主な原因である	425	be a useful tool	有用な道具である	248

例文 21
The vitamin D receptor (VDR) **is a member of** the nuclear receptor family.
〔ビタミン D 受容体（VDR）は，核内受容体ファミリーのメンバーである〕

2 自動詞＋形容詞（補語）

論文でよく用いられる補語をとる**自動詞**には，be 動詞の他に remain, prove, appear, become などがある．be 動詞に続く形容詞は，「重要」「必要・十分」「原因」「有用」「一致・類似」などに分類できる（次ページの表参照）．**特定の**

前置詞と結びつくものが多いので，それと共に表に示してある．その他の動詞と形容詞の組み合わせについても示す．

英語表現	和訳	用例数
●重要		
be important for ～	～のために重要である	6755
be important in ～	～において重要である	3586
be critical for ～	～のために決定的に重要である	5638
be critical to ～	～に対して決定的に重要である	1180
be crucial for ～	～のために決定的に重要である	1734
●必要・十分		
be essential for ～	～のために必須である	10961
be necessary for ～	～のために必要である	5049
be necessary to ～	～するために必要である	1656
be sufficient to ～	～するのに十分である	4830
be sufficient for ～	～のために十分である	1659
●原因		
be responsible for ～	～に対して責任がある	6960
be due to ～	～のせいである	6593
●有用		
be useful for ～	～のために役に立つ	1763
be useful in ～	～において役に立つ	1708
be available for ～	～のために利用できる	893

英語表現	和訳	用例数
●一致・類似		
be consistent with ～	～と一致する	11699
be similar to ～	～に似ている	5944
be similar in ～	～において似ている	2536
●その他		
be present in ～	～に存在する	8505
be dependent on ～	～に依存する	6685
be independent of ～	～と独立している	4937
be higher in ～	～においてより高い	1669
be effective in ～	～において効果的である	1249
be capable of ～	～できる	5073
be likely to ～	～しそうである	5163
● be 動詞以外		
remain unclear	不明なままである	2717
remain unknown	知られていないままである	1886
prove useful	役に立つと判明する	681
appear normal	正常のように思われる	369
become available	利用可能になる	350

例文 22

These results **were consistent with** previous studies.

（これらの結果は，以前の研究と一致した）

例文 23

The underlying mechanism **remains unclear**.

（根底にある機構は不明なままである）

❸ 動詞＋前置詞（副詞句）

ⅰ) 自動詞＋前置詞（副詞句）

自動詞には，後に補語を伴うものと伴わないものとがある．よく使われる補語を取らない自動詞には下記の表に示すようなものがある．特定の**前置詞**と結びついて，後に**副詞句**が続く場合が多い．

英語表現	和訳	用例数
consist of ~	~から成る	4789
participate in ~	~に参加する	4453
contribute to ~	~に寄与する	4376
lead to ~	~につながる	4319
depend on ~	~に依存する	4155
serve as ~	~として働く	3698
respond to ~	~に応答する	3270
interact with ~	~と相互作用する	3162
focus on ~	~に焦点を合わせる	3117
react with ~	~と反応する	2708
arise from ~	~から起こる	2501
interfere with ~	~に干渉する	2399
bind to ~	~に結合する	2328
rely on ~	~に頼る	2268
act as ~	~として働く	1645
result in ~	~という結果になる	1591
occur in ~	~において起こる	1437
differ from ~	~と異なる	1105

例文 24

A total of 100 subjects **participated in** the study.

（合計 100 名の被験者がその研究に参加した）

ii）受動態＋前置詞（副詞句）

受動態の後には**副詞句**が続くことがよくある．この場合も特定の**動詞と前置詞**が結びつく場合が多いので確認しておくとよい．よく使われる例を下記の表に示す．

英語表現	和訳	用例数
be associated with ~	~と関連している	4925
be involved in ~	~に関与している	4659
be implicated in ~	~に関与している	4296
be related to ~	~に関連している	4293
be shown to ~	~することが示される	3995
be required for ~	~のために必要とされる	3825
be treated with ~	~で処理される	3405
be mediated by ~	~によって仲介される	3390
be used to ~	~するために使われる	3230
be correlated with ~	~と相関している	3019
be expressed in ~	~において発現している	2434
be derived from ~	~に由来する	2377
be compared with ~	~と比較される	2137
be induced by ~	~によって誘導される	2105
be known about ~	~について知られている	2062
be known to ~	~することが知られている	1889
be isolated from ~	~から単離される	1887
be observed in ~	~において観察される	1698
be located in ~	~に位置している	1692
be determined by ~	~によって決定される	1601
be followed by ~	あとに~を伴う	1502
be obtained from ~	~から得られる	1019

例文 25

Chronic kidney disease **is associated with** increased risk for cardiovascular disease.

（慢性の腎疾患は，循環器疾患の増大したリスクと関連している）

まとめ

① 動詞に続けて使われる語句には，目的語・補語・副詞句（前置詞）などがある
② 論文で目的語として用いられる名詞は比較的限られているので，それらの用法のパターンに習熟する
③ 名詞（句）を補語とする自動詞として，be 動詞がある
④ 形容詞を補語とする自動詞としては，be 動詞，remain，prove などがある．補語として用いられる語句は比較的限られているので，それらの用法に習熟する
⑤ 副詞句は，補語を取らない自動詞や他動詞受動態に続けてよく使われる．動詞によって特定の前置詞と結びつく場合が多い

Quiz

●カッコの中に入る名詞として最も適当なものは次のなかのどれでしょう？
Here we report the (　　) of a cDNA for a new MMP gene.

① role　　② hypothesis　　③ isolation　　④ relationship

よくある他動詞と目的語の組み合わせを覚えておくことが大切である．
① role の用例は，we investigated the role of ～（我々は～の役割を精査した）などが多く，we report the role of は少ない．
② hypothesis は，these results support the hypothesis that ～（これらの結果は～という仮説を支持する）などの用例が多い．the hypothesis の前に用いられる動詞は support と test が圧倒的に多く，we report the hypothesis の用例はほとんどない．
③ we report the isolation of ～（我々は～の単離を報告する）の用例は非常に多い．新しい物質や遺伝子などを見つけたときによく用いられる．
④ relationship は，we examined the relationship between ～（我々は～の間の関連性を調べた）などの用例が多い．しかし，we report the relationship の用例はほとんどない．

答えは③

主語が肝心
第1部 日本人が間違いやすい英作文のポイント 9

⑤ 受動態の使い方

　他動詞の受動態を使うと，能動態や自動詞を使った場合に比べて単語の数が一語増えるだけでなく，回りくどい表現になる．そのため英語ではなるべく受動態を使わないようにすべきであるが，論文では逆に受動態の文が非常に多いという特徴がある．これは，研究の主体である著者を目立ちにくくし，内容の客観性を高める意図があるためだと思われる．一方では，そのような目的のいかんにかかわらず，日本人には受動態の方が書きやすいように感じるという表現上の問題もある．だが，「なるべく受動態を使わない」ようにするのが原則なので，受動態を使う場合にはいちいちその理由を考えるようにした方がよい．

1 受動態が好まれる場合

　どのようなときに受動態を使うのか？　それには以下のような場合がある．

① 文の意味上の主語である行為者がはっきり限定できない場合

例文 26
TIG1 has been proposed to act as a tumor suppressor.
（TIG1 は腫瘍抑制因子として働くことが提唱されている）

　この場合，「多くの研究者によって提唱されている」ので，**誰とははっきり決められない**．逆に，行為者がわかっているのに受動態を用いると，それを曖昧にしようとしていると勘ぐられる恐れがあるので注意が必要だ．

② 受動態でしか表現できない場合

　他動詞受動態が，あたかも自動詞（あるいは be 動詞＋形容詞）であるかのように使われる場合がある．例えば，次のような場合だ．

例文 27
Obesity is associated with increased risk of cardiovascular disease.
（肥満は心血管疾患の増大したリスクと関連する）

このような文は能動態になることはない．これは associate という動詞の性質だと考えてもよいだろう．

同様に以下のような文も能動態にはなりにくい．

例文 28
RXR mRNA was expressed in all tissues tested.
（RXR メッセンジャー RNA は，テストされたすべての組織において発現していた）

③ **受動態を用いた方が意味が明確になる場合**

Ｓ＋Ｖ＋Ｏ＋前置詞やＳ＋Ｖ＋Ｏ＋Ｏの文は，受動態にした方がスタイルがすっきりして誤解も起こりにくい．

例文 29
Mice were fed a high-fat diet.
（マウスは，高脂肪食が与えられた）

上の文を能動態にすると We fed mice a high-fat diet. または，We fed a high-fat diet to mice. となる．しかし，このような表現にはいろいろなバリエーションがあり，また，目的語が連続するとその切れ目がわかりにくくなるなどの問題が出てくるため受動態が好まれる．

④ **研究の対象など文のトピックを主語にしたい場合**

これは逆にいえば，研究の行為者である著者が目立ちすぎないようにするためでもある．

● **Materials and Methods のセクション**

Materials and Methods はほとんど受動態で書く．このセクションは著者が行った研究の方法を示すところなので，もし能動態で書けば we が主語の文の連発になりかねない．これはスタイル的にもよろしくないし，主張が強すぎると感じられるのではないだろうか．客観性を重んじる Materials and Methods では，行った研究をなるべく著者の意図を交えずに書くことが好まれる．著者の意図は Introduction で示すのが適当であろう．後にも述べるが，同じような文でも Introduction で書く場合には we を主語にした文を用いることが多い．

● **Results のセクション**

　　Results のセクションは，研究結果を客観的に書く方が効果的なので受動態の文が多い．ただし，研究結果に行為者がいるわけではないので，他動詞能動態や自動詞を使った文で書くことも可能である．なるべく人以外で，**内容のトピックとなる現象やものを主語にする文を考える**とよいだろう．

　以上のように**受動態を使う場合にはいちいちその理由を考える**過程を踏んで，その妥当性について検討する必要がある．特に，使われる場面や全体の流れに注意し，１つの文のなかで主語が入れ替わることがないように注意することも必要である．

2 受動態が好まれない場合

　次は，受動態を使わない方がいい場合について考えてみよう．

ⅰ) 著者の意図や行為をはっきりと示したい場合

　例えば，Introduction のセクションで書くべき内容の１つとして研究の目的がある．その目的を達成するために何を行ったかを述べることが必要だろう．その場合に，次のような文を we を主語にして書いてはどうだろうか．

> **例文 30**
>
> To test this hypothesis, **we examined** the effects of proteasome inhibitors on the AP-1 pathway.
> （この仮説をテストするために，我々は AP-1 経路に対するプロテアーゼ阻害剤の効果を調べた）

　このような文を使えば著者の意図や行為がはっきりするし，文のスタイルもスッキリしたものになる．一方，この文を受動態にするのは，あまり好ましくないといえるだろう．

ⅱ) ～ ing ではじまる文

　分詞構文の主語は，文の主語と一致させるというのが英文法のルールだ．特に Using ではじまる文には注意しよう．例えば以下の例では Using の主語は通常実験の行為者（we）であるから，その文の主語もそれに一致させるべきである．したがって原則に従えば，以下に示す２つの文のうち前者の文が文法的に正しい．ただし，using の場合は例外的に後者の文でも間違いではないが，あまり好ましくはない．

> ◎ Using this method, **we identified** 50 genes that were upregulated by at least twofold.
> （この方法を使って，我々は少なくとも 2 倍上方制御された 50 遺伝子を同定した）

> △ Using this method, 50 upregulated genes were identified.
> （この方法を使って，50 の上方制御された遺伝子が同定された）

iii）「It … that ～」の構文を多用しない

　　Discussion などで日本人は，It was found that ～.（～ということが見つけられた）のような文を使いすぎる傾向があるようだ．It … that ～ 構文は，回りくどいだけであまりメリットがない場合も多い．このような間接的な表現は，それを使わなければうまく書けない場合のみにした方がよいだろう．

3 よく使われる受動態の表現

　　受動態として**論文でよく使われる動詞**には，下記の表のようなものがある．「1 受動態が好まれる場合」で述べた①～④も示してあるが，必ずしも 1 つの分類だけに属するわけではない．これらの動詞のパターンの特徴として，後ろに**特定の前置詞が続く**ことがあげられる．例文 27 の **associated** の場合は，ほぼ 100％後ろに with を伴うと考えてよい．それ以外にも，**used to，required for，shown to，involved in** などは特定の前置詞との結び付きが非常に強い（to の場合は to 不定詞）．

1 受動態が好まれる場合で示した分類

				出現回数
①	be known		知られている	13598
		be known to	～することが知られている	5750
		little is known about	～に関してほとんど知られていない	4188
②	be associated		関連している	34754
		be associated with	～と関連している	34076
②	be required		必要とされる	28996
		be required for	～のために必要とされる	22080
②	be expressed		発現される	19192
		be expressed in	～において発現される	9271
②	be involved		関与する	14758
		be involved in	～に関与する	13658
③	be shown		示される	21829
		be shown to	～することが示される	17130
④	be used		使われる	42073
		be used to	～するために使われる	27034
④	be found		見つけられる	34519
		be found to	～することが見つけられる	15948
		be found in	～において見つけられる	8525

④	be observed	観察される	27350
	be observed in	～において観察される	9315
④	be identified	同定される	23184
	be identified in	～において同定される	4559
	be identified as	～として同定される	3509
④	be determined	決定される	17267
	be determined by	～によって決定される	5429
④	be detected	検出される	15869
	be detected in	～において検出される	7313
④	be performed	行われる	13195
	be performed in	～において行われる	2275
	be performed to	～するために行われる	1894
	be performed on	～に関して行われる	1597

数字は，7,500万語のLSDコーパス中での出現回数を示す

　以上，ここまで述べたように受動態はなにげなく使うのではなく，明確な意図をもって用いることが大切である．

参考図書

1) 『アクセプトされる英語医学論文を書こう！―ワークショップ方式による英語の弱点克服法（JASMEE library）』（ネル・L. ケネディ／著，菱田治子／翻訳），メジカルビュー社，2001年

2) 『完璧！と言われる科学論文の書き方 筋道の通ったよみやすい文章作成のコツ』（John Kirkman／著，畠山雄二，秋田カオリ／翻訳），丸善，2007年

まとめ

① 受動態はできるだけ使わないようにし，使う場合にはいちいちその理由を考える
② 受動態は以下のような場合に用いられる
　・文の意味上の主語である行為者がはっきり限定できない場合
　・受動態でしか表現できない場合
　・受動態を用いた方が意味が明確になる場合
　・文のトピックを主語にして客観的な文を書きたい場合
③ 研究の意図を強調したいときは，受動態を使わず著者（weなど）を主語とした能動態の文にする

Quiz

●以下の文のうち能動態に書き換えることができるのはどれか？

① This transient loss of tetramer binding is associated with reduced signaling through the T cell receptor.
（四量体結合のこの一過性の喪失は，T細胞受容体を経る低下したシグナル伝達と関連する）

② CAR mRNA expression was examined in rat liver cells.
（CAR メッセンジャー RNA 発現が，ラット肝細胞において調べられた）

③ Caspase-dependent pathways are involved in the regulation of apoptosis of a variety of mammalian cells.
（カスパーゼ依存性経路は，さまざまな哺乳類細胞のアポトーシスの調節に関与する）

②は，We examined CAR mRNA expression in rat liver cells. と書き換えることができる．①と③は，expression や pathway の性質を述べている文章であるので，能動態に書き換えることは難しい．

答え：②

主語が肝心

第1部 日本人が間違いやすい英作文のポイント **9**

❻ 時制の決め方

科学論文で使われる時制は主に**過去形**と**現在形**である．**現在完了形**もしばしば用いられるが，過去完了形，未来形，進行形はほとんど使われない．そこで論文執筆のためには，現在形，過去形，現在完了形の使い方を集中的に習得すればよいだろう．さらに，それぞれの時制が使われる状況や場面を研究しておくと大いに役に立つ．

1 現在形，過去形，現在完了形の使い分け

ⅰ）現在形の使い方

現在形が使われる状況には，主に以下の2つがある．

ⓐ 研究対象に関する**確立された真実**について述べるときに**現在形**が使われる．下のような文は，**Introduction** でよく用いられる．

> **例文 31**
> HIF-1 **is** a basic helix-loop-helix transcription factor composed of HIF-1α and HIF-1β subunits.
> （HIF-1 は，HIF-1α および HIF-1β サブユニットからなるベーシック・ヘリックス・ループ・ヘリックス転写因子である）

また，Discussion などで今回の結果から導き出される解釈や結論に関しても現在形で書く場合が多い．

ⓑ **論文そのもの**や**論文に示されている図，表，統計**について述べるときには**現在形**が用いられる．下のような文が，**Results** などでよく使われる．

> **例文 32**
> Figure 1 **shows** the phylogenetic tree of aldehyde dehydrogenase genes.
> （図1は，アルデヒド脱水素酵素遺伝子の系統樹を示す）

ii) 過去形の使い方

過去形が用いられる場合には，主に以下の3つがある．

ⓐ 今回行った**研究の方法**について述べるときには**過去形**が用いられる．**Materials and Methods** で下のような文がよくみられる．

例文 33

Cells **were cultured** in standard Dulbecco's modified Eagle's medium containing 15% fetal bovine serum.
（細胞は，15%ウシ胎仔血清を含む標準的なダルベッコ変法イーグル培地で培養された）

ⓑ 今回行った**研究の結果**について述べるときにも**過去形**が使われる．**Results** では下のような文がよく用いられる．

例文 34

VEGF expression **increased** 5-fold after 6 hours of hypoxia.
（VEGF 発現は，6時間の低酸素のあと5倍増大した）

ⓒ 過去の筆者自身の研究について述べるときは，現在完了形よりも**過去形**が用いられることが多い．下のような文が，主に Introduction で使われる．

例文 35

Previously, we **demonstrated** that the expression of the DEC1 gene is induced by hypoxia.
（以前に，我々は DEC1 遺伝子の発現が低酸素によって誘導されることを実証した）

iii) 現在完了形の使い方

ⓐ 現在完了形は，過去の文献のうち今回の研究においても重要なものに言及するときに用いられる．これは，**Introduction** で使われることが多い．

例文 36

The p53 tumor suppressor gene **has been shown** to play an important role in determining cell fate.
（p53 がん抑制遺伝子は，細胞の運命を決定する際に有用な役割を果たすことが示されている）

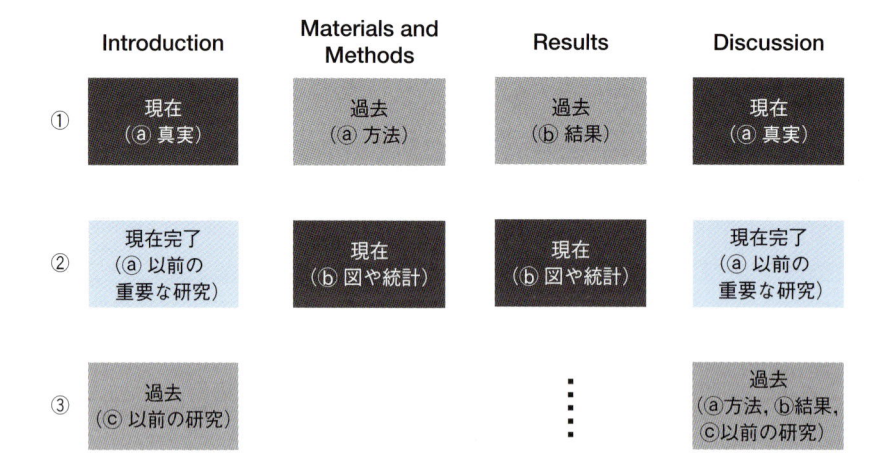

◆図 1-6-1　時制と各セクションの関係
ⓐⓑⓒ は「① 現在形，過去形，現在完了形の使い方」での分類に対応している．
①②③は「② セクションごとの時制の使い分け」の説明順に対応している．

② セクションごとの時制の使い分け

　論文は，通常 Abstract，Introduction，Materials and Methods，Results，Discussion から構成されている．そしてセクションごとに書き方が少しずつ異なっていて，それぞれに決まったパターンがある．そこで次は，セクションごとの時制の使い方についてまとめる．また，パターンの分類については図 1-6-1 に示す．

ⅰ）Introduction の時制

① Introduction の重要な内容として，研究の背景や過去の論文のレビューがある．背景はほとんど過去の研究の成果だが，**すでに確立された真実とみなされることは現在形で書く**．例えば，例文 31 のような文だ．

② 過去の研究そのものについて言及する場合には，現在完了形か過去形が使われる．**今回の研究において重要なものに言及するときには現在完了形で書くことが多い**．例文 36 がこれに相当する．しかし，例文 35 のように著者自身の過去の研究に対しては，過去形を用いることの方が多いようだ．また以前の研究報告でも，もはやあまり重要性のないものに対しては過去形が用いられる．

③ 後述する Materials and Methods や Results と同様に，**今回行った研究の方法や結果については過去形で書く**．ただし，Discussion の場合と同じように**結論は現在形で書く**ことが多い．

ii）**Materials and Methods の時制**

① 行った**研究の方法についてはすべて過去形で書く**例文 33 のような文がよく使われる．

② **論文に示されている統計値の表記や図や表に関することは現在形で書く**．下の文は統計値の表記の例である．

> **例文 37**
> Data **are presented** as mean ＋／－ SEM.
> （データは，平均±標準誤差として示されている）

ただし，統計処理の方法については過去形で書く．

iii）**Results の時制**

基本的なルールは，前述の Materials and Methods の場合と同じである．

① 例文 34 のように，得られた**研究の結果については過去形で書く**．

② 例文 32 のように，**論文内の図や表の表記に関することは現在形にする**．

③ **過去の文献を引用する場合**は，前述した Introduction の場合と同様である．

iv）**Discussion の時制**

① 今回の結果から導き出される**解釈や結論に関しては現在形で書く**．以下の文のようである．

> **例文 38**
> Taken together, these results **demonstrate** that CpG methylation of the Dec1 promoter **inhibit** transcription.
> （まとめると，これらの結果は Dec1 プロモーターの CpG のメチル化は転写を抑制することを実証する）

② **過去の文献を引用する場合**に関しては，Introduction と同様の規則に従う．

③ 今回の**研究の方法や結果を述べる場合**は，Materials and Methods や Results と同様に**過去形で書く**．

v）**Abstract の時制**

論文の構成要素のことを IMRAD（Introduction, Materials and Methods, Results, and Discussion）とよぶが，これには大切な要素である Abstract が含

まれていない．Abstract は，ある意味においてこれら4つのセクションの内容の寄せ集めと言えるだろう．そこで，時制に関しても一文ごとに前述のどのセクションに相当するのか，どの状況に相当するのかを考えてそれに準じて決めるとよい．しかし，Abstract 特有の時制の表現もあるので注意が必要だ．

・今回の論文で明らかにしたことに対して，Abstract では現在完了形が使われることも多い．have shown, have identified, have used, have demonstrated, have developed, have been identified, have been shown などの表現がよく用いられる．

例文 39

In this study, we **have identified** a novel Ets family member that is expressed in embryonic stem cells.

（この研究において，我々は胚性幹細胞において発現される Ets ファミリーメンバーを同定した）

・研究内容を提示する際に現在形がよく使われる．これは，内容が真実と言えるからではなく，この論文で「〜を示す」あるいは「〜が示される」と現在形で表すことによって論文の臨場感を高める狙いがあるのであろう．we show, we report, we demonstrate, we describe, we propose などがよく使われる．

例文 40

Here we **show** that splice variants of survivin are expressed in normal tissue in a tissue-dependent manner.

（ここに我々は，survivin のスプライスバリアントが正常組織において組織依存的な様式で発現することを示す）

Abstract でよく用いられる現在完了形および現在形の表現は，Introduction や Discussion でも使うことができる．その場合には，前後の文章の時制と矛盾が生じないように注意する必要がある．

参考図書

1)『アクセプトされる英語医学論文を書こう！―ワークショップ方式による英語の弱点克服法 (JASMEE library)』（ネル・L. ケネディ／著，菱田治子／翻訳），メジカルビュー社，2001 年

> **まとめ**
>
> ① 科学論文で使われる時制は主に過去形と現在形であり，しばしば現在完了形も使われる．
> ② 現在形が使われる状況には以下のような場合がある．
> ・確立された真実について述べるとき
> ・論文中の図，表，統計について述べるとき
> ③ 過去形が使われる状況には以下のような場合がある．
> ・研究の方法や結果について述べるとき
> ・過去の研究成果について述べるとき
> ④ 現在完了が使われる状況には以下のような場合がある．
> ・過去の文献のうち今回の研究においても重要なものに言及するとき
> ⑤ 論文のセクションごとに使われる時制のパターンがあるのでそれに習熟する．
> ⑥ Abstract では，現在形と現在完了形の用法に特徴がある．

主語が肝心
第1部 日本人が間違いやすい英作文のポイント 9

❼ 助動詞の使い方

　論文でよく使われる**助動詞**には以下のようなものがある．その使われる割合（比）はほぼ下に示す通りで，may や can の用例数が特に多い．よく使われるものを用いることが，1番目のコツである．

may	can	could	will	should	might	would	must
20	15	5	2	2	2	2	1

　これらの助動詞の使い方は，主に「**可能性**」「**予想**」「**能力**」「**必要**」に分類できる．それぞれに使われる助動詞の種類と**可能性の高さ**あるいは**意味の強さ**の順はほぼ下に**並べた順**になる．

可能性	must, should, may, might, can, could
予想	will, would, must, should, may, might, can, could
能力	can, could
必要	must, should

　助動詞は，**動詞の前**に置いて用いられる．これらの意味および使い方に対する理解は，組み合わせて使われる動詞を調べることによって深めることができる．**表 1-7-1** に示す数字は，よく使われる動詞との組み合わせの出現回数を示している．上記の分類に従って分けると，それぞれの動詞が使われるときの助動詞の意味は右側に示すようになる．重複はもちろんあるが，この表をじっくり眺めると使い方の特徴がいろいろ見えてくる．「**予想**」の意味の場合にのみ will と would が使われ，「**能力**」の意味では can と could のみが，「**必要**」の意味では should と must のみが使われる．また，「**可能性**」の意味では may や might が使われることが多い．それぞれの分類の特徴について以下にまとめる．

1 可能性を表す助動詞

・must	きっと～のはずだ	・might	かもしれない
・should	はずだ	・can	ありうる
・may	かもしれない	・could	ありうる

◆表 1-7-1 助動詞と共によく使われる動詞

will であろう	would であろう	must きっと~のはずだ すべきである	should はずだ すべきである	may かもしれない	might かもしれない	can ありうる できる	could ありうる できる	助動詞 合計	動詞
17669	13129	7839	15277	124325	13899	107504	37832	合計	動詞
522	115	5	12	510	27	18	8	必要とする	require
249	171	1	179	1406	149	1459	472	~につながる	lead to
116	250	3	63	788	76	936	207	~という結果になる	result in
520	870	265	345	7133	735	917	872	もつ	have
663	251	17	430	3599	251	1040	658	提供する	provide
513	96	5	380	752	62	231	149	促進する	facilitate
468	237	5	241	688	83	80	101	許す	allow
419	68	0	187	1511	107	345	191	役立つ	help
155	180	6	90	664	65	546	163	増大する	increase
134	149	5	86	559	72	343	155	改善する	improve
113	41	10	60	1681	162	750	380	役立つ	serve
79	176	5	46	566	76	507	202	低下させる	reduce
79	41	22	48	5356	463	630	694	寄与する	contribute
41	55	14	17	331	63	1754	269	誘導する	induce
46	16	42	25	5753	425	352	453	果たす	play
5	46	31	4	798	98	411	389	説明する	account for
3	45	4	0	1395	169	333	361	説明する	explain
10	39	5	10	2357	170	37	187	示す	represent
12	20	26	3	1426	159	828	150	機能する	function
5	19	36	8	1160	127	899	149	作用する	act
1	8	13	1	1116	153	715	132	調節する	regulate
51	23	77	11	205	38	1341	227	結合する	bind
74	86	154	37	1005	136	1588	210	起こる	occur
10	8	80	18	368	46	206	28	存在する	exist
4331	3749	3811	7341	39389	4615	43955	15698		be
204	143	56	156	4465	418	418	643	~である	be a
501	121	0	356	1639	176	124	206	有用である	be useful
159	22	9	15	1756	133	47	151	重要である	be important
70	10	46	302	790	122	5039	943	使われる	be used
15	10	194	992	133	27	199	58	考えられる	be considered
3	4	22	5	1902	273	32	170	~に関与する	be involved in
1	3	6	1	65	5	786	267	誘導される	be induced
7	9	3	2	33	9	839	735	検出される	be detected
1	509	2	8	43	132	137	26	予測される	be expected

※よく使われる組み合わせを ■ ，やや頻度が低い組み合わせを ■ で示す．下半分は，be動詞もしくは受動態の場合を示している．

「可能性」を示す助動詞には上記のようなものがある．ここでいう「可能性」とは，主に研究で得られた現象を解釈できる可能性を意味する．可能性の高さは左の列からおおよそ並べた順のようになる．組み合わされる動詞は表 1-7-1 に示すものが多い．

例文 41
Formation of the network **must occur**.
(ネットワークの形成がきっと起こるはずだ)

例文 42
Wnt signaling pathways **may play** an important role in osteogenesis.
(Wntシグナル伝達経路は，骨形成において重要な役割を果たすかもしれない)

例文 43
Two mechanisms **could account for** the differences observed.
(2つの機構が観察された違いを説明しうる)

2 予想を表す助動詞

・will	であろう	・may	かもしれない
・would	であろう	・might	かもしれない
・must	きっと〜のはずだ	・can	ありうる
・should	はずだ	・could	ありうる

「予想」を示す助動詞には上記のようなものがある．「予想」とは上記の「可能性」と重なる内容であるが，ここでは**将来に起こりうる**ことを意味すると考えればよい．予想の可能性の高さはおおよそ上に並べた順のようになる．用いられる動詞には，**表 1-7-1** に示すようなものがある．

例文 44
Confirmation of these findings **will require** further investigation.
(これらの知見の確認は，さらなる研究を必要とするであろう)

例文 45
These findings **should provide** new insights into the regulation of the gene.
(これらの知見は，その遺伝子の制御に対する新しい洞察を提供するはずだ)

例文 46
The present results **may lead to** the development of new drug therapies for diabetes.
(現在の結果は，糖尿病に対する新しい薬物療法の開発につながるかもしれない)

例文 47

This approach **can facilitate** the identification of new therapeutic targets.

（このアプローチは，新しい治療標的の同定を促進しうる）

3 能力を表す助動詞

- can　　できる
- could　　できる

「能力」を意味する助動詞には上記の 2 つがある．could の方がやや婉曲な表現である．

例文 48

PH domains **can function** as allosteric sites.

（PH ドメインは，アロステリック部位として機能できる）

4 必要・義務を表す助動詞

- must　　すべきである
- should　　すべきである

論文で「**必要・義務**」の**助動詞**を使う場合は，「〜されるべきである」の意味が多い．ただし，使われる動詞の種類はあまり多くない．

例文 49

Living donor liver transplantation **should be considered** for patients with fulminant hepatic failure.

（生体肝移植は，劇症肝不全の患者に対して考慮されるべきである）

まとめ

① 助動詞は強すぎる断定的な表現を避けるために用いられることが多い
② 可能性の高さなどに応じて助動詞を使い分ける
③ 助動詞の種類や意味によって組み合わされる動詞がだいたい決まっているのでそのパターンに習熟する

> 主語が肝心

第1部　日本人が間違いやすい英作文のポイント **9**

8 副詞の使い方

　副詞は，動詞，形容詞，副詞，副詞句などを修飾し，程度の強弱を示したり表現上のアクセントをもたらしたりするために使われる．論文では，**程度を表す副詞や可能性を表す副詞**を使う場合が多く，うまく使えば効果的である．

1 程度を表す副詞

　程度を表す副詞は，過去分詞，形容詞あるいは副詞の**前に置かれ**それらを**強調**するために用いられることが多い．表 1-8-1 を見れば，よく使われる組み合わせおよび使われない組み合わせがわかるだろう．

ⅰ) 程度が著しい場合に用いられる副詞 (表 1-8-1)

- 過去分詞を修飾する場合

　過去分詞を修飾する場合の意味は，「完全に」「強く」「著しく」に分類できる．「完全に」という意味では completely が，「強く」という意味では potently と strongly が，「著しく」という意味では drastically, greatly, dramatically, substantially, markedly, significantly が用いられる (表 1-8-1)．

例文 50
This effect was **strongly inhibited** by neutralizing antibodies.
(この効果は，中和抗体によって強く抑制された)

例文 51
Dimerization was **greatly enhanced** by the addition of NaCl.
(二量体化は，NaCl の添加によって著しく増強された)

例文 52
MMP-2 activity was **markedly reduced** in mutant mice.
(MMP-2 活性は，変異マウスにおいて顕著に低下した)

◆表 1-8-1 副詞とよく組み合わせて使われる単語

完全に	強く				著しく					
completely	potently	strongly	drastically	greatly	dramatically	substantially	markedly			
10331	1762	1707	674	6124	5726	5754	8802			
1	0	1246	0	0	0	0	0	示唆する	suggest	動詞（過去分詞）
924	52	19	0	1	7	17	13	ブロックされる	blocked	
1	62	293	1	8	51	12	95	誘導される	induced	
173	47	97	5	32	45	12	126	抑制される	suppressed	
695	312	533	13	60	130	97	336	抑制される	inhibited	
8	16	182	205	1125	715	501	1362	低下する	reduced	
0	12	75	17	491	473	289	889	増大する	increased	
0	4	31	36	147	213	132	467	低下する	decreased	
0	15	135	4	448	186	92	378	増強される	enhanced	
4	1	15	12	238	19	32	201	減少する	diminished	
1	2	14	3	48	43	46	205	上昇する	elevated	
0	0	0	1	0	26	252	69	より〜である	more	副詞
0	0	0	1	0	14	174	96	より〜でない	less	
0	0	0	0	0	6	163	47	より大きい	greater	形容詞
0	0	0	1	0	33	276	138	より高い	higher	
0	0	0	5	2	36	231	121	より低い	lower	
113	0	0	43	6	163	135	290	異なる	different	
0	0	1	0	0	0	6	17	似ている	similar	
0	0	0	0	0	2	3	7	低い	low	
1	0	0	0	0	2	1	6	高い	high	
0	0	0	0	0	1	2	0	大きい	large	

ずっと（かなり）				非常に						
significantly	much	considerably	far	strikingly	remarkably	very	extremely	unusually		
59488	12688	1896	4560	2113	3131	17209	2874	1122		
0	0	0	8	0	0	0	0	0	suggest	動詞（過去分詞）
128	0	1	0	2	0	0	0	0	blocked	
131	0	0	0	3	5	0	0	0	induced	
268	0	2	0	1	5	0	0	0	suppressed	
1156	0	1	0	5	8	0	0	0	inhibited	
4883	124	58	0	26	21	4	5	0	reduced	
4113	6	22	0	42	16	0	0	0	increased	
1990	2	8	0	8	1	0	0	0	decreased	
1002	8	19	0	16	18	0	1	0	enhanced	
255	5	4	0	3	0	0	1	0	diminished	
785	1	3	0	14	1	2	12	3	elevated	
2772	1785	260	362	11	10	0	0	0	more	副詞
1623	1207	149	171	7	2	0	0	0	less	
2434	577	64	122	2	4	0	0	0	greater	形容詞
4676	962	122	29	16	11	0	0	0	higher	
3226	845	95	38	9	4	1	0	0	lower	
2260	14	28	2	180	46	769	8	0	different	
13	1	3	0	282	349	1777	24	1	similar	
18	0	0	0	7	42	2239	345	77	low	
22	0	2	0	19	76	1245	302	248	high	
7	1	1	0	6	22	448	61	152	large	

● 副詞を修飾する場合

　副詞を修飾する場合には，「ずっと」あるいは「かなり」という意味の副詞が用いられる．substantially, markedly, significantly, much, considerably, far な

どがある（表 1-8-1）．

例文 53

The oxyR mutants are **much more** sensitive to oxidants.
（oxyR 変異体は，酸化体に対してずっとより感受性である）

● 形容詞を修飾する場合

　比較級の形容詞を修飾する場合には，「著しく」あるいは「ずっと」という意味の dramatically, substantially, markedly, significantly, much, considerably, far が用いられる．

　low や high などに対しては，「非常に」という意味の副詞が用いられることが多い．strikingly, remarkably, very, extremely, unusually などがある（表 1-8-1）．

例文 54

Mortality rates were **substantially higher** in mutant than in wild-type mice.
（死亡率は，野生型マウスよりも変異マウスにおいて大幅に高かった）

ⅱ）中程度の場合に用いる副詞（表 1-8-2）

　「中程度に」という意味では，**moderately** が用いられる．少し意味は違うが，**partially**（部分的に），**relatively**（比較的），**somewhat**（いくらか）もよく用いられる．

◆表 1-8-2　中程度を表す副詞とよく組み合わせて使われる単語

部分的に partially 10301	比較的 relatively 10902	いくらか somewhat 1286	中程度に moderately 1669			
306	0	0	2	ブロックされる	blocked	動詞（過去分詞）
482	0	2	17	抑制される	inhibited	
155	3	2	4	抑制される	suppressed	
140	6	33	69	低下する	reduced	
5	14	12	60	増大する	increased	
0	98	115	3	より〜である	more	副詞
0	63	98	1	より〜でない	less	
0	63	57	14	より高い	higher	形容詞
0	40	72	6	より低い	lower	
0	0	72	0	異なる	different	
0	901	2	29	低い	low	
0	886	1	70	高い	high	

● 過去分詞を修飾する場合

過去分詞を修飾する場合には,「partially（部分的に）」や「moderately（中程度に）」が用いられる（表 1-8-2）.

● 副詞を修飾する場合

「relatively（比較的）」や「somewhat（いくらか）」が用いられる（表 1-8-2）.

● 形容詞を修飾する場合

higher や lower に対しては「relatively（比較的）」や「somewhat（いくらか）」が用いられる．low や high に対して「relatively（比較的）」や「moderately（中程度に）」が用いられる（表 1-8-2）.

例文 55

Activation of MAPK was **partially blocked** by PI3K inhibitors.

（MAPK の活性化が，PI3K 阻害剤によって部分的にブロックされた）

例文 56

Fibroblasts express **relatively low** levels of MMPs.

（線維芽細胞は，比較的低いレベルの MMP を発現している）

iii）**軽度の場合**（表 1-8-3）

「わずかに」という意味では，slightly, modestly, marginally などがよく使われる．slightly は，過去分詞，副詞，形容詞のいずれに対しても用いられる．modestly や marginally は，過去分詞を修飾するときに用いられる．

◆表 1-8-3 軽度を表す副詞とよく組合せて使われる単語

わずかに					
slightly	modestly	marginally			
4010	946	522			
188	68	24	低下する	reduced	動詞 （過去分詞）
187	78	29	増大する	increased	
102	30	8	低下する	decreased	
293	9	13	より〜である	more	副詞
155	5	6	より〜でない	less	
99	6	9	より大きい	greater	形容詞
301	16	13	より高い	higher	
233	12	13	より低い	lower	
121	6	4	異なる	different	

2 可能性の副詞

可能性の高さを示すために用いられる副詞は，副詞句を導く前置詞の前などに置かれ，**副詞句を修飾することが多い**．これらの副詞は，大きく「推測のための副詞」と「説明のための副詞」に分けられる．（表 1-8-4 参照）

i) 推測のための副詞

以下の副詞は，まだ結論が確定していない場合，あるいはほぼ確定していても断定的な表現を避けたい場合に用いられる．**可能性の高さに準じて使い分けるとよい．**

apparently ＞ presumably, probably ＞ perhaps, possibly

◆表 1-8-4　可能性を表す副詞とよく組み合わせて使われる単語

推測のための副詞						
明らかに	おそらく		もしかすると			
apparently	presumably	probably	possibly	perhaps		
3729	3033	5794	5553	2991		
111	345	232	479	247	～によって	by
19	130	109	314	89	～によって	through
17	87	68	125	44	～によって	via
29	55	80	219	129	～において	in
17	21	25	39	17	～において	at
24	63	65	130	76	～として	as
94	218	289	203	69	～のせいで	due to
56	222	188	223	138	～ゆえいに	because

説明のための副詞						
主に				一部は		
primarily	mainly	largely	mostly	partly	in part	
10047	3991	8161	2165	1657	8168	
1002	301	218	61	103	2688	by
372	103	81	21	60	710	through
127	35	6	2	15	192	via
1197	543	93	202	16	25	in
197	60	17	30	6	56	at
195	49	30	22	13	55	as
280	143	214	44	127	232	due to
142	66	104	13	98	355	because

例文 57

The silencing lasted only 3 days, **presumably because** of siRNA dilution with cell division.

（そのサイレンシングは，おそらく細胞分裂に伴う siRNA の希釈のせいで，わずか 3 日しか続かなかった）

例文 58

The loss of function is **probably due to** decreased protein stability.

（その機能喪失は，おそらく低下したタンパク質安定性のせいである）

例文 59

DEC1 acts as a transcriptional repressor, **possibly through** interaction with BMAL1.

（DEC1 は，もしかしたら BMAL1 との相互作用によって，転写抑制因子として働く）

ii）説明のための副詞

　以下の副詞は，すでに明らかになっている事実を説明する際に，対象の関与の程度を説明ために用いられる．

　　mostly, mainly, largely, primarily ＞ partly, in part

例文 60

HDAC4 is localized **primarily in** the cytoplasm.

（HDAC4 は，主に細胞質に局在する）

例文 61

These events were triggered at least **in part by** activation of the Notch pathway.

（これらの事象は，少なくとも一部はノッチ経路の活性化によって誘発された）

まとめ

① 程度を表す副詞は過去分詞，副詞，形容詞の前などでよく用いられる
② 可能性を表す副詞は前置詞の前などでよく用いられる
③ 副詞に続く語句の組み合わせには決まったパターンがある

主語が肝心

第1部 日本人が間違いやすい英作文のポイント **9**

9 名詞の可算・不可算と冠詞の使い方

　冠詞は日本語にはないものであるので，日本人にとってそれを使いこなすことは特に難しい．しかし，様々なルールや決まったパターンがあるので，それを身につければ判断にあまり迷うことなく，適切な選択をできるようになるはずである．そこで，**名詞の可算・不可算の区別**と**冠詞の使い方**に関して，論文でよく使われるパターンを示す．

1 冠詞の基本ルール

　ルール1：可算名詞の単数形の前には，冠詞または代名詞を置かなければならない
　ルール2：可算名詞の複数形や不可算名詞の前には，冠詞を置かない場合が多い
　ルール3：不定冠詞（a, an）は可算名詞の単数形に対してのみ用いられる
　ルール4：定冠詞（the）は，可算名詞の単数形・複数形および不可算名詞のいずれに対しても用いられる

したがって選択しなければならない内容として以下のようなことがある．
　・冠詞（または代名詞）を置くか置かないか？
　・置く場合には，どの種類の冠詞（または代名詞）を置くか？
である．このような問題を判断する際に，次のような**ポイント**に気を付けるとよいだろう．

2 名詞の可算・不可算と冠詞の決め方

point 1）不可算名詞を見極める

　名詞には，**可算名詞**と**不可算名詞**とがある．これらを見極めることは，ごく初歩的なポイントだが，実は多くの名詞が，可算名詞と不可算名詞との両方で使われている．不可算名詞と思えるようなものでも，可算名詞としての用例がないものはむしろ少ないと言えるほどだ．明らかに数えられるもの以外は，その見極めが難しい場合が非常に多い．本書の第2部や『ライフサイエンス英語表現使い分け辞典』（羊土社/刊）を調べてみて，**複数形の用例数が全体の0.5％**

以下である場合には，複数形を用いるのは控えた方がいいだろう．また，これらの単語は主に不可算名詞として使われている可能性が高い．不可算名詞は無冠詞で用いられることが多いという特徴もある．

第2部で取り上げる**不可算名詞となることが多い名詞**には以下のものがある．

imaging / evidence / formation / synthesis / phosphorylation / apoptosis / replication / proliferation / growth / dysfunction / depression / stimulation / induction / activation / inhibition / repression / suppression / signaling / regulation / resistance / expression / production

例文 62

Proliferation of chondrocytes was reduced by treatment with MEK inhibitors.
(軟骨細胞の増殖は，MEK 阻害剤による処理によって低下した)

point 2) 複数形が用いられるからといって可算名詞と決めつけてはならない

複数形で用いられるのは可算名詞である．前ページのルール1より，可算名詞の単数形の前には冠詞か代名詞を置かなければならないが，複数形でよく用いられる名詞の単数形であるにもかかわらず無冠詞で使われるものがある．point 1 のような例と違って，可算名詞だと思えるような名詞でも，可算・不可算の両方で用いられる名詞もかなり多く，その使い分けの見極めは簡単ではない．必ずしも文脈や意味から判断できるというものでもない．用例をライフサイエンス辞書などで調べて無冠詞で用いられることが多いかどうかを確認して使うようにするといいだろう．

第2部で取り上げる**複数形で用いられるが単数形が無冠詞で使われることも多い名詞**には以下のようなものがある．

investigation / analysis / examination / infection / treatment / therapy / enhancement / reduction / function / activity

例文 63

Further **investigation** of this gene is necessary for the identification of the genetic variation responsible for the invasive phenotype.
（この遺伝子のさらなる研究が，浸潤性の表現形の原因である遺伝的変動の同定のために必要である）

point 3）可算名詞でも前に固有名詞が置かれる場合や全体として専門用語になる場合などは，無冠詞で用いられることが多い

ただし定冠詞 the が用いられることはかなりある（73 ページ参照）．

第 2 部で取り上げる**無冠詞で固有名詞と合わせて用いられる名詞**の例としては以下のようなものがある．

> apoB mRNA / CREB-binding protein / Alzheimer's disease / bipolar disorder / iron deficiency

例文 64

COX-2 **mRNA** was detected in all samples analyzed.
（COX-2 メッセンジャー RNA は，解析されたすべてのサンプルで検出された）

point 4）複数形の用例が半数以上ある名詞の場合，まず複数形で用いることを考える

通常の可算名詞は複数形が用いられる割合が 2 割程度であるから，複数形が半数以上もあるような場合には，複数形を使うことを第一に考える方がよい．複数形には不定冠詞は用いられないので，複数形を用いる方が冠詞の間違いを犯す可能性も低くなる．

第 2 部で取り上げる**複数形が多く用いられる名詞**には以下のものがある．

> experiments / results / data / findings / observations / samples / techniques / mice / cells / patients / events / mutations / factors / molecules / constructs / defects / stimuli / changes / alterations / effects / differences / levels / concentrations / values

例文 65

Experiments with purified recombinant proteins demonstrated that P-TEFb phosphorylated the carboxy-terminal domain of RNA polymerase II.
（精製された組み換えタンパク質を使った実験は，P-TEFb が RNA ポリメラーゼ II のカルボキシル末端ドメインをリン酸化することを実証した）

point 5）定冠詞 the を用いるときは，それを付ける理由を考える

定冠詞は前に出たものなどを受けて付けるものであるから，それを付ける場合にはそれなりの理由が必要である（80ページ参照）．そのためいちいち理由を考える癖を付けた方がよい．特に複数形の名詞の場合は無冠詞で用いられることが非常に多い．Abstract や Introduction の冒頭付近では，前に受けるものがないので間違えないように注意が必要だ．

point 6）定冠詞 the を用いるときは，その単語の用例を調べて the を用いることが多いパターンを見極める

定冠詞がよく用いられる名詞には，特有のパターンがあることが多い．次ページ以降に，特有のパターンについて詳しく解説しているので，こちらを習熟していただきたい．

point 7）指示代名詞が好んで用いられる場合もある

第2部で取り上げる**指示代名詞がよく用いられる名詞**の例としては以下のようなものがある．

> this paper / this article / this report / this review / this study / this analysis / this assay / this finding / this model / this method / this approach / this technique / this system / this hypothesis / this region / this process / this conclusion / this regulation / this effect

例文 66

This paper describes the development of new therapies for allergic diseases.
（この論文はアレルギー性疾患の新しい治療法の開発について述べる）

point 8）上のいずれにも当てはまらない単数形の名詞の場合に不定冠詞が用いられる

可算名詞でありかつ定冠詞や代名詞を付ける必要がない場合に不定冠詞が用いられる．可算名詞を無冠詞のまま用いてはならない．

まとめ

① 冠詞のルールを確実に習得する
② 可算名詞と不可算名詞の見極めに気を付ける
③ 可算名詞複数形や不可算名詞は無冠詞で使われることがかなり多い
④ 定冠詞を使うときはその理由を考える
⑤ 冠詞を含めた名詞の定型パターンに習熟する

Plusα 冠詞使い分けの法則の徹底攻略

定冠詞を付けるときの基本ルール

ここでは，まず**定冠詞**の使い方について述べる．定冠詞 the は特定のものを指す名詞の前で用いられる．the をつけるつけないの区別の基本は，読み手が対象物をはっきりそれと特定できるか否かであるが（80 ページ以降参照），パターン化できるものはまとめて覚えておくとよい．そこで，特定のものを判断するルールは以下のようにまとめられる．

① 既出のもの

一度使った名詞を再び使う場合には the をつける．

例文 67

An assay was developed to examine the role of clock gene products. **The assay** is based on a mathematical model of circadian rhythms.
（あるアッセイが，時計遺伝子産物の役割を調べるために開発された．そのアッセイは概日リズムの数理モデルに基づいている）

② 既出のものと関連して，特定のものであることがわかる場合

同じ名詞でなくても既出のものに関して述べる場合には，「その〜」という意味で the が用いられる．

例文 68

IFN treatment induced TNF-α mRNA accumulation. RNA stability assays showed that **the effect** is not mediated by alteration of the half-life of the mRNA.
（IFN 処理は，TNF-α メッセンジャー RNA 蓄積を誘導した．RNA 安定性アッセイは，その効果がメッセンジャー RNA の半減期の変化によって仲介されないということを示した）

③ of ではじまる形容詞句などによって限定されて，特定のものであることがわかる場合

of 以下の修飾語をつけることによって特定のものであることがわかる場合には，冠詞に the が用いられる．しかし，その判断が難しい場合も多いので，詳しくは 73 ページにまとめる．

④ 形容詞の最上級がつく場合

最上級の前では，冠詞に the が用いられる．

【例】the most common cause（最もよくある原因）
　　　the lowest levels（最も低いレベル）
　　　the best predictor（最もよい予知因子）

⑤ the ＋名詞のパターン

　遺伝子名（the COX-2 gene など）や臓器名（the liver, the brain など）などには必ず the をつける．また，the authors など特定のものであることが明確な場合には，初出でも the が用いられる．

　①に関しては，簡単である．また，②の判断もよく考えればそれほど難しくない．一度登場した単語に付随する性質などである．④や⑤は決まったパターンである．一番迷うのは③の場合であろう．後ろに of があれば冠詞がすべて the になるのかというと決してそういう訳でもない．むしろその可能性は，半々といったところだ．そのため，定冠詞を用いる場合と不定冠詞を用いる場合との区別が非常にわかりにくい．形容詞句に修飾されることによって特定のものとみなされるようになるかどうかは，その文の内容によって決まるわけだが，実は使われるそれぞれの名詞によって決まってくる部分も大きい．名詞によって，the が 90 ％以上使われる場合もあれば，10 ％も使われない場合もある．不定冠詞を用いるべき時に定冠詞を用いてしまう誤りが日本人の論文に多いというデータもある（83 ページ参照）．そこで，このような名詞のパターンを研究すれば，冠詞の間違いをかなり減らすことができるはずである．

「名詞＋ of」に用いられる冠詞のパターン

　「名詞＋ of」の冠詞のパターンには，「もっぱら the が用いられる場合」「もっぱら a/an が用いられる場合」「どちらも用いられる場合」などがある．

A）もっぱら the が用いられる「名詞＋ of」のパターン

　of ではじまる形容詞句によって限定され，冠詞として the が圧倒的に多く用いられる．

【例】the purpose of ～（～の目的）
　　　the existence of ～（～の存在）
　　　the importance of ～（～の重要性）
　　　the basis of ～（～の基礎）
　　　the ability of ～（～の能力）
　　　the pathogenesis of ～（～の病因）

例文 69

Despite **the importance of** DNA damage signalling, the function of DNA repair factors is unclear.
（DNA 損傷シグナル伝達の重要性にもかかわらず，DNA 修復因子の機能は不明のままである）

表 1-9-1 に，このような「名詞＋ of」の例を示す．表の数字は，「名詞＋ of」の出現回数とそれに対してそれぞれの冠詞が組み合わされる割合（%）を示している．分類パターンとしては，「the ＋ @ ＋名詞＋ of」（@ には，任意の単語が 1 個入る場合がある），「the ＋名詞＋ of」，「a/an ＋名詞＋ of」，「文頭無冠詞名詞＋ of」の 4 つを用いた（文頭無冠詞を用いた理由は，文中のものは形だけで区別できないからである）．たとえば，「purpose of ～」の「総出現回数」が「4112」で，その「the ＋名詞＋ of」の割合が「97.3 %」となっている．この場合，「the purpose of」の出現回数が 4002 回なので，4112 回の中に占める割合が 97.3 % という意味である．表では the が多いことだけでなく，a や an が少ないことを確認することも重要である．非常にたくさんの抽象名詞が「もっぱら the が用いられる名詞＋ of」に分類される．

このような初出，既出の如何に関わらず the が使われる「名詞＋ of」の分類

◆表 1-9-1　もっぱら the が用いられる「名詞＋ of」の例

		総出現回数	割合（%）			
			the+@+名詞+of	the+名詞+of	a/an+名詞+of	文頭無冠詞+of
purpose of～	～の目的	4112	99.3	97.3	0.0	0.0
aim of～	～の目的	2417	99.0	95.4	0.1	0.0
existence of～	～の存在	4220	98.3	95.5	0.0	0.2
possibility of～	～の可能性	1751	97.8	96.1	0.7	0.0
importance of～	～の重要性	8045	96.9	79.7	0.0	0.0
basis of～	～の基礎	9385	96.5	69.3	0.2	0.0
ability of～	～の能力	14589	95.4	90.6	0.2	0.0
pathogenesis of～	～の病因	6599	94.4	91.3	0.0	0.1
utility of～	～の有用性	2467	91.6	73.7	0.0	0.3
impact of～	～の影響	3545	90.6	75.4	0.3	0.6
surface of～	～の表面	5137	90.6	62.8	0.4	0.0
influence of～	～の影響	3055	90.0	79.3	1.0	0.2
contribution of～	～の寄与	3860	89.0	66.6	1.7	0.2
goal of～	～の目的	2018	87.7	78.6	1.3	0.0
identity of～	～の正体	1629	86.4	71.8	0.4	0.2
discovery of～	～の発見	2182	86.1	78.1	0.2	2.6
significance of～	～の重要性	3345	85.0	37.2	0.0	0.3
magnitude of～	～の大きさ	3187	83.8	79.6	0.5	0.1
nature of～	～の性質	5978	83.7	49.6	0.0	0.0
effectiveness of～	～の有効性	2101	82.6	64.1	0.0	0.4
design of～	～の計画	2465	82.4	68.8	0.3	0.6
appearance of～	～の出現	2672	82.3	68.8	0.2	0.7
effect of～	～の効果	22901	80.2	58.1	0.9	0.1

基準は，だいたい以下のように考えればよい．

(i) 「名詞＋ of」の数に対して，「the ＋名詞＋ of」の割合が 50％以上ある場合
(ii) 「名詞＋ of」の数に対して，「the ＋ ＠ ＋名詞＋ of」の割合が 60％以上ある場合
　ただし
(iii) 上記の条件に該当する場合でも，「a/an ＋名詞＋ of」または「文頭無冠詞名詞＋ of」の割合が 2％以上あるときは，意味によって不定冠詞が用いられることもあるので注意が必要である．

B) the と a/an あるいは無冠詞を使い分ける場合

A) で示して基準を満たさない場合には，the を用いる場合と a/an を用いる場合とを使い分ける必要がある．（**表 1-9-2** 参照）たとえば，以下のようなものである．

【例】 the result of 〜　　　　 a result of 〜　　　　（〜の結果）
　　　 the combination of 〜　 a combination of 〜　（〜の組み合わせ）
　　　 the history of 〜　　　 a history of 〜　　　（〜の病歴）
　　　 the population of 〜　　a population of 〜　　（〜の集団）
　　　 the range of 〜　　　　 a range of 〜　　　　（〜の範囲）

例文 70

This activation is **the result of** caspase dimerization.
（この活性化はカスパーゼ二量体形成の結果である）

◆表 1-9-2　冠詞 the と a/an あるいは無冠詞を使い分ける必要がある「名詞＋ of」の例

		総出現回数	割合（％）		
			the+名詞+of	a/an+名詞+of	文頭無冠詞+of
result of〜	〜の結果	6550	32.3	58.4	0.0
combination of〜	〜の組み合わせ	7807	34.1	52.5	1.3
history of〜	〜の病歴	4746	5.8	30.5	1.0
population of〜	〜の集団	3624	10.8	27.4	0.0
range of〜	〜の範囲	10628	15.4	25.3	0.1
source of〜	〜のソース	4188	22.0	19.0	0.0
fraction of〜	〜の画分	4077	20.4	15.9	0.0
target of〜	〜の標的	3319	13.1	15.5	0.5
comparison of〜	〜の比較	5186	5.7	20.7	42.2
mutation of〜	〜の変異	6240	4.2	2.7	37.7
overexpression of〜	〜の過剰発現	10960	5.3	0.3	31.5
exposure of〜	〜の曝露	3085	6.9	0.4	30.7
introduction of〜	〜の導入	2884	44.9	0.0	21.8
depletion of〜	〜の欠乏	3679	7.4	1.3	21.2
treatment of〜	〜の処理	17559	34.2	0.1	18.6
addition of〜	〜の添加	11567	46.8	0.1	17.3

> #### 例文 71
> DNA free radicals were formed as **a result of** oxidative damage.
> （DNA フリーラジカルが酸化障害の結果として形成された）

　使い分けには，初出では a や an を使って 2 度目からは the を使うという判断もあるが必ずしもそうでない場合もある．上の 2 つの例ではそれぞれ，「活性化」「酸化障害」が話の中心であると想像される．従って例文 70 では「カスパーゼ二量体形成」が「活性化」のために必須であることを示しているのに対して，例文 71 では，「フリーラジカル」は「酸化障害」の 1 つの結果に過ぎない．このように，意味や前後の関係を過去の用例ともよく照らし合わせて慎重に判断する必要があるだろう．しかし，前の動詞や前置詞との組み合わせで，ある程度パターンが判断できる場合もある（例文 71 の場合は前に as があることがポイントとなる）．なお，不可算名詞の場合の判断材料としては，文頭の無冠詞の用例数を参考にするとよい．このような例も表 1-9-2 に示してある．
　この分類の判断基準は前項の場合の裏返しで，以下のようになる．

（iv）「the ＋名詞＋ of」の割合が 40 ％以下で，「a/an ＋名詞＋ of」あるいは「文頭無冠詞名詞＋ of」の割合が 3 ％以上の場合には，初出のときに定冠詞を用いないことが多い．

C）冠詞が a か the かで意味が変わる場合

　冠詞が a か the かで意味が変わることがある．たとえば以下のような場合である．
　【例】 a number of ～（いくつかの～）　 the number of ～（～の数）
　　　 a fraction of ～（わずかな～）　　 the fraction of ～（～の画分）

> #### 例文 72
> N-cadherin induces motility in **a number of** cell types.
> （N-カドヘリンは，いくつかの細胞型において運動性を誘導する）

> #### 例文 73
> There was no difference in **the numbers of** ED-1-positive macrophages.
> （ED-1 陽性マクロファージの数に違いはなかった）

D）数値データがあとに続く表現では，冠詞に a が用いられる

　上記で述べた意味によって用法が異なる例として，次のような場合もある．あとに数値データが続く場合には，冠詞は a になる．一方，数値データ以外が続く場合には，同じような意味でも冠詞に a ではなく the が用いられることが多い．

　【例】a frequency of ～（～の頻度）
　　　　a rate of ～（～の割合）
　　　　a ratio of ～（～の割合）
　　　　a sensitivity of ～（～の感受性）

例文 74

This 6 A145G variant is present at **a frequency of** 30 ％ in the Japanese population.
（この A145G 変異は，日本人集団において 30 ％の頻度で存在している）

E）常に a や an が使われる場合

　表 1-9-3 に示すように，the ではなく**常に a や an が用いられる**場合がある．以下のような場合である．

　【例】a total of ～（合計で～）
　　　　a variety of ～（様々な～）
　　　　a series of ～（一連の～）
　　　　a subset of ～（～のサブセット）
　　　　a member of ～（～のメンバー）

例文 75

These genes are co-expressed in **a variety of** cells.
（これらの遺伝子は，様々な細胞において共発現している）

◆表 1-9-3　常に a や an が冠詞に使われる「名詞＋ of」の例

		総出現回数	割合（％）	
			the+名詞+of	a/an+名詞+of
total of～	総計～の	5366	0.4	98.3
variety of～	様々な～	13543	0.9	83.1
series of～	一連の～	9191	1.1	78.3
subset of～	～のサブセット	6376	4.1	73.9
member of～	～のメンバー	7986	0.2	62.4

以上，「名詞＋ of」の冠詞の使い方のパターンを示した．of が続く名詞には the がつくことが非常に多いが，つかないこともよくある．ここで示したように名詞の種類によってかなり決まってくる．そのことをまとめて，論文でよく使われる「名詞＋ of」のリストを WEB 上に掲載した（羊土社ホームページから「英作文＆用例 500」にて本書を検索，本書詳細ページに掲載）．アルファベット順に並べてあるので，上述の冠詞の判断基準に照らしながら個々の単語について調べるときに利用すると便利であろう．

「名詞＋ to do」に用いられる冠詞のパターン

「名詞＋前置詞」のパターンは of だけではない．しかし，「名詞＋ of」ほどハッキリとした定型パターンを示す例は少ない．**表 1-9-4** に示す「名詞＋ to *do*」にはある程度決まったパターンが見られる．以下の例のように，the が用いられることが圧倒的に多い場合がある（ただし，the の代わりに their などの代名詞が用いられることもある）．

【例】the potential to 〜（〜する潜在能）
　　　the capacity to 〜（〜する能力）
　　　the ability to 〜（〜する能力）

例文 76

Many metalloproteins have **the capacity to** bind diverse metals.
（多くの金属タンパク質は，多様な金属に結合する能力がある）

◆表 1-9-4　「名詞＋ to *do*」の冠詞の使い分け

		総出現回数	割合（％）			
			their+名詞+to	the+名詞+to	a/an+名詞+to	文頭無冠詞+to
potential to〜	〜する潜在能	2427	4.5	76.0	1.2	0.0
capacity to〜	〜する能力	2343	15.7	42.3	1.1	0.1
ability to〜	〜する能力	17588	21.8	36.8	0.9	0.1
way to〜	〜する方法	1102	1.5	10.8	15.2	0.0
method to〜	〜する方法	2356	0.0	6.2	17.0	0.1
model to〜	〜するためのモデル	2042	0.0	7.7	17.5	0.0
failure to〜	〜することの失敗	1586	2.6	17.0	19.1	12.2
strategy to〜	〜するための戦略	1225	0.1	1.3	19.9	0.1
inability to〜	〜できないこと	1280	10.9	33.2	23.2	1.2
tool to〜	〜する手段	799	0.0	0.3	23.7	0.1
tendency to〜	〜する傾向	402	7.2	14.2	25.6	0.0
mechanism to〜	〜する機構	1191	0.0	1.0	27.4	0.0
opportunity to〜	〜する機会	1118	0.1	27.4	34.1	0.1
means to〜	〜する手段	1067	0.0	7.4	49.0	0.1
attempt to〜	〜しようとする試み	1443	0.1	1.6	65.4	0.0
effort to〜	〜しようとする努力	1415	0.0	2.5	79.6	0.0

「同格の that 節」を伴う名詞に用いられる冠詞のパターン

表 1-9-5 によく使われる「名詞＋同格の that 節」の例を示す．**同格の that 節を伴う名詞には，the がつくことが圧倒的に多い**．ただし，evidence は代表的な例外で，**無冠詞**で使われることに特に注意しなければならない．

> ### 例文 77
> Our data support **the hypothesis that** CRBP binds to a receptor in the membrane.
> (我々のデータは，CRBP は膜の受容体に結合するという仮説を支持する)

◆表 1-9-5 　「同格の that 節」を伴う名詞につく冠詞の使い分け

		総出現回数	割合 (%)	
			the+名詞+that	a/an+名詞+that
fact that〜	〜という事実	2495	97.6	1.3
idea that〜	〜という考え	1575	97.3	0.4
notion that〜	〜という考え	1338	95.4	0.4
possibility that〜	〜という可能性	4069	95.0	0.5
hypothesis that〜	〜という仮説	9817	93.6	1.2
view that〜	〜という見解	991	80.5	1.3
observation that〜	〜という観察	1686	71.9	3.9
evidence that〜	〜という証拠	12189	1.4	0.0

冠詞の使い方は日本人には難しいものだが，ここで示したように決まったパターンもたくさん存在する．そこで，本項で示したようなパターンを数多く学んでおけば，間違いを減らすことができるであろう．

Plusα 冠詞の心

　冠詞の話は，複雑で難しいと思われがちだ．そこで，誰にでもわかる易しい英文を例に取り，ちょっと頭の体操をしてみたい．ある小学校を訪れた視察団の一人が，校庭でサッカーに興じている子供たちの一群を見て，団員達に次のように言ったとする．

① **Look at the boy.**

　さて，この英文①が明確な機能を果たすためには，どのような状況が想像されるだろうか．あるいは，この英文が自然に受け入れられる状況とはどのようなものであろうか．大学生に質問してみると，さまざまな反応が返ってきた．多かった回答は，「その少年が特別目立ったから，the boy と発話した」であった．そこで，「特別目立つとは？」と，さらに質問すると，「目立つ服装だった．髪型が異常だった．身長が特別高かった．行動が目立った（転ぶ・シュートする）．」など，それなりに少年を「特定」するための理由を考えた答えが返ってきた．しかし，容姿や服装あるいは行動などで特別目立つからと言って，英語の定冠詞が使われるという約束はないはずである．その子供たちの集団の中で一人の少年が客観的に「特定」できたから，この英文が機能するのである．すなわち，この場合，サッカーに参加している子供たちは，この特定の子を除いて，すべて女の子であったということである．だから，いきなり the boy という表現が可能であったことになる．

「聞き手の意識」を意識する

　これと同様の表現，すなわち初出でありながら，定冠詞が使われる英文は，英語を学習しはじめた早い段階で色々遭遇し学んでいるはずである．Look at the blackboard. / Please open the window. / Pass me the salt. などがその例である．**場面の状況から，はっきり「それ，と特定できる」ものに言及する場合には，「定冠詞＋名詞」で言及されるのが通常である．**このような場面で逆に，「不定冠詞＋名詞」で表現されると，聞き手は混乱するだろう．「どれでもいいから，複数ある中から，不特定な１つの黒板を見なさい．」「不特定の窓を１つ開けてください．」「不特定の１つの塩（入りの器）を回してください．」といったような内容のことを言われると，聞き手は大いに戸惑うことになり，発話の意図が伝わらないことになる．

　冠詞の学習で置き去りにされていると思われる重要なことは，「**冠詞は聞き手**

（読み手）を常に意識して使わなければならない」，ということだ．冠詞は，自分＝話し手（書き手）と他人＝聞き手（読み手）との情報交換を円滑に行うための，きわめて重要な道具である．言い換えれば，話し手（書き手）は，たえず聞き手（読み手）の意識を考慮に入れなければならない．不用意に用いると，いたずらに混乱を招くことになる．先の例文で言えば，少年が複数プレーしている状況であれば，聞き手は，手がかりもないまま少年の特定を突然迫られることになり，戸惑うことになる．

冠詞ひとつで意味はこんなにも変わる

もう一例，易しい英文を例に取り上げ，冠詞の問題を考えてみよう．近く訪ねてくる外国の友人に宛てて，歓迎する手紙を書き送るとする．

「私達の町からは，山と海が見えます」

このような内容を伝えたい．さて，中学生レベルで書ける英文のはずだが，どのような英文になるだろうか．

② From our town, you can see a mountain and a sea.
③ From our town, you can see mountains and a sea.
④ From our town, you can see a mountain and the sea.
⑤ From our town, you can see mountains and the sea.
⑥ From our town, you can see the mountain and the sea.
⑦ From our town, you can see the mountains and the sea.

冠詞の使用の観点からすると，ここに挙げたように数通りの英文が考えられるが，「海」は通常 the sea で使われる，と辞書の解説にもある通り，可算名詞という分類に属するも，あえて沢山ある中の１つという表現を取る必要がない．よって②と③は奇異な英文である．残る選択肢としては，④〜⑦ということになる．④と⑤では，町の様子が随分と違うはずである．④では，山が１つぽつんと突出して見える状況を伝えることになる．これは，我々が日本で通常出会う風景からは想像しにくい光景である．⑤は，町から「複数の山」と「海」が見える，比較的想像しやすい町の風景である．⑥と⑦では，「山」・「山々」が定冠詞付きで表わされているため，聞き手（読み手）との了解が成り立っているのか気にかかる英文である．「すでにご存じのあの（あれらの）山」と伝えるのが，適切なのかどうか当事者に会って確認したくなる．ということで，町の

風景によっては④もあり得るが，普段見慣れた光景からすると⑤の英文を採用することになる．

チャーリィ・ゴードンの日記にみる英語の約束事

次に，少し難解な英文を紹介したい．知能指数の低い人物（チャーリィ・ゴードン）を主人公にした小説「Flowers for Algernon（アルジャーノンに花束を）」からの抜粋である．主人公の日記形式で話は進むが，以下は，初期の日記の一部である．

> ●小説原文
>
> Progris riport 2 - martch 4.
> I had a test today. I think I faled it and I think mabye now they wont use me. What happind is I went to Prof Nemurs office on my lunch time like they said and his secertery took me to a place that said psych dept on the door with a long hall and alot of littel rooms with onley a desk and chares. And a nice man was in one of the rooms and he had some wite cards with ink spilld all over them. He sed sit down Charlie and make yourself cunfortible and rilax. He had a wite coat like a docter but I dont think. he was no docter because he dint tell me to opin my mouth and say ah. All he had was those wite cards. His name is Burt. I fergot his last name because I dont remembir so good.
>
> （*Flowers for Algernon*, Daniel Keyes, 2005, Mariner Books, p. 2 より引用）

まともな英語ではない，というのが大方の反応だろうと思う．一見ブロークン・イングリッシュが使われているところが，好評を博した映画「フォレスト・ガンプ」の主人公（IQ70という設定）が話す英語を思い出させる．いずれも「まともでない英語」を主人公に使用させることで，知能指数の低い人物であるということを読者（聞き手）に連想させようとする設定である．映画「フォレスト・ガンプ」を観賞した直後に，大学の授業で教材として利用できるかもしれないという思いもあり，原作を入手し読みはじめた．残念ながら，読みだしてすぐさま投げ出してしまった．理由は，上記の英文が示す通り，英語が読みづらい（英語の勉強にならない），ということであった．ところが，その後ここで紹介している小説「Flowers for Algernon（アルジャーノンに花束を）」と，「フォレスト・ガンプ」の原本に共通する新しい発見をした．以下が，先に紹介した原文を修正（**青字表記**）したものである．

●小説修正版

Progress Report 2 - March 4
I had a test today. I think I failed it and I think maybe now they won't use me. What happened is I went to Prof. Nemur's office on my lunch time like they said and his secretary took me to a place that said psych dept on the door with a long hall and a lot of little rooms with only a desk and chairs. And a nice man was in one of the rooms and he had some white cards with ink spilled all over them. He said sit down Charlie and make yourself comfortable and relax. He had a white coat like a doctor but I don't think he was no doctor because he didn't tell me to open my mouth and say ah. All he had was those white cards. His name is Burt. I forgot his last name because I don't remember so good.

（「アルジャーノンに花束を　Flowers for Algernon」，ダニエル・キース，1999，講談社インターナショナル，pp.9-10 より引用）

　修正箇所に注目してみると，驚いたことに，冠詞の修正は一切ない．これらの小説は，英語の勉強にならない，どころか，冠詞の心を知らない日本人英語学習者にはむしろ恰好の英語教材になりうる．原文（知能指数が低いとされる主人公の英語）をよく見てみると，英語音を正書法を無視して文字に置き換えていることがわかる．また，作者は，意味伝達を損なわないことを原則に，文法上の約束事を破り，知能の低い人物の話す英語を演出している．注目すべきは，かなりデタラメと思われる英文でありながら，「正確な意味伝達を損なうわけにはいかない」という観点から，冠詞の用法においては，ほとんど非の打ちどころがない．同様に名詞を使う際の約束事（可算名詞・不可算名詞・単数形・複数形）も守られている．これらの点は，「フォレスト・ガンプ」の原文にも共通している．要するに，冠詞の用法を誤ると，正確な意味伝達に支障をきたすのである．このことは，英語で論文を書く際に肝に銘じておかねばならない．

the を使いすぎる日本人

　日本人はやたら定冠詞を使う傾向があると思われるが，一例として，identifyという動詞の直後に出現する冠詞の頻度を調査してみた．**表 1-9-6** は，ライフサイエンス分野に特化した日本人英語コーパス（J-Corpus　総語数＝1千万語）とネイティブによる同様の分野の英文コーパス（LSD-mini Corpus　総語数＝1千万語）における，頻度比較調査結果である．identify 自体の出現頻度に両者間で大きな差異があったので（J-Corpus=3,119, LSD-mini Corpus = 12,688），両

◆表 1-9-6　identify 直後の冠詞頻度

	identify=3,000	
	the	a/an
J-Corpus	355	88
LSD-mini Corpus	245	357

者ともに identify が使われている 3,000 例に絞って，直後に出現する定冠詞・不定冠詞の出現回数を調査した（**表 1-9-6** 参照）．

　この表からわかるとおり，J-Corpus においては，定冠詞の出現頻度が不定冠詞の出現頻度よりも極端に高く，ネイティブの英文から成る LSD-mini Corpus と比べると，出現頻度において逆転現象がみられる．また，J-Corpus においては，不定冠詞が出現する頻度がネイティブのそれと比較して，非常に少ない．本来なら，不定冠詞を使うべきところを，日本人は，不用意に定冠詞で代用しているのではないかと懸念される．

　例えば，次の 2 つの英文は，非常に良く似た意味を伝えていると思われる．しかし，gene の直前で，定冠詞が使われているか，あるいは不定冠詞が使われているかで，意味に微妙な差異が生じている．

⑧ In 2007, we identified the gene responsible for ABC disease.
　（J-Corpus より，一部改変）

⑨ We have identified a gene essential for polarized growth of the plasma membrane during cellularization. （LSD-mini Corpus より）

　英文⑧が伝えているのは，「我々は，2007 年に，ABC 病の原因となる遺伝子を同定した」という日本語に相当する意味であると思われる．この文章の導入前に，gene への言及がない場合には，あるいはそれらしく特定できる状況設定がなされていなければ，'the gene' は，「前述・既出の（特定の）遺伝子」という意味を伝えるのではなく，「唯一の遺伝子」であることを言外に伝えることになる．すなわち，この英文は，この病気の原因遺伝子はこれ 1 つである，という情報を発信したことになりかねない．病因となる遺伝子が 1 つの場合は，誤解を生じることはないが，もし複数の遺伝子の関与があると考えているのであれば，英文⑧では，the gene を a gene に変更することで，科学的に伝えたい意味を正確に発信できるはずである．英文⑨では，a gene という表現になっており，「唯一の遺伝子」を同定した，とは伝えていないことが読み取れる．

　定冠詞を使う場合は，聞き手（読み手）の意識を意識することが大前提である．関係代名詞を学習した頃に，「直前の先行詞は，関係代名詞以降の文章が形

容詞的役割を果たし，先行詞（名詞）を限定（特定）することになるので，通常定冠詞が使われる」，というようなことを習った学習者は多いかもしれない．これは間違いである．名詞が後ろから形容詞句・節で修飾される場合でも，先の例で示した通り，その名詞が聞き手との間で既知の情報である（あるいは状況などから特定できる）という了解がなければ，定冠詞ではなく不定冠詞を使う．だから，次の英文⑩は冠詞の用法を間違っている．先行詞の直前の冠詞は，基本的に**関係代名詞以降の修飾語句に関係なく，相手の意識の中で，既知情報として認識されているかどうかが重要な判断の基準**である．したがって英文⑩（アブストラクト冒頭の英文）中の the patients は，読み手（聞き手）にとっては，非常に落ち着きの悪い表現である．関係代名詞で言及されている「患者達」であっても，それは，書き手にとってのみ特定される既知情報であるだけで，読み手にとっては，いきなり「例の患者たち」という表現に遭遇することになり，混乱の原因となる．

> ⑩ Over the period of a year, we studied the patients who were admitted to the emergency room at our hospital at night with asthmatic attacks. （J-Corpus より，一部改変）

first の前に a が付くこともある

「先行詞の直前の定冠詞神話」と同様に，一般に広く信じられているのが，「序数詞の直前の定冠詞神話」であろう．確かに，first・second・third などの序数詞は定冠詞と親和性が高い．しかしながら，これらの序数詞の直前では，必ず定冠詞が使われるという訳ではない．実際に，the first son という表現だけではなく，a first son というような表現に遭遇した経験は誰にもあるだろう．ただ，冠詞の用法に無関心でいると，両者の違いを意識することはないかもしれない．次の和文から想像できる通り，同じ「長男 = first son」であっても，特定性という点で，⑪には定冠詞が相応しいことがわかるだろう．一方，⑫の場合は，誰でも良い，とにかく「長男」という表現から，不定冠詞が使われることになる．

> ⑪ 「彼の両親は，彼に家の長男として，家業を継いで欲しいと思った」
> As the first son in the family, his parents wanted him to take over the family business.
> ⑫ 「長男が通常家業の後継者として好まれる」
> A first son is usually the preferred choice to take over family-run businesses.

序数詞の前であっても，必ずしも定冠詞が使われるわけではないことを，上記の例は示している．J-Corpus と LSD-mini Corpus で，序数詞（first・second・third）の直前に出現する冠詞の頻度を調べると，日本人英文コーパスでは，不定冠詞の出現頻度が非常に低く，日本人が無差別的に定冠詞を使用しているのではないかと強く疑われる（**表 1-9-7** 参照）．

◆表 1-9-7　序数詞直前の冠詞頻度

		the	a
first	J-Corpus	4,613	94
	LSD-mini Corpus	5,115	167
second	J-Corpus	2,113	263
	LSD-mini Corpus	1,286	972
third	J-Corpus	945	63
	LSD-mini Corpus	476	270

　具体的に，as（a/the）first step という表現を例に取り上げて，first の直前の冠詞の使用実態を見てみよう．ネイティブの英文コーパスでは，冠詞の頻度が「不定冠詞＞定冠詞」となっているが，日本人の英文コーパスでは，「定冠詞＞不定冠詞」となっており，頻度の逆転が確認される（**表 1-9-8** 参照）．

◆表 1-9-8　first step 直前の冠詞頻度

		the	a
first step	J-Corpus	18	3
	LSD-mini Corpus	3	30

　図 1-9-1 は，日本人の英文からなる J-Corpus から，as the first step をキーワードとして検索したコンコーダンスの一部である．一方，**図 1-9-2** は，ネイティブの英文から成る LSD-mini Corpus から，as a first step をキーワードとして検索したコンコーダンスの一部である．両者を比較してみると，日本人英語の伝える意味が，定冠詞を使用しているため，「それ以外にない確信的第一歩として」として力点が置かれているような印象を与える．他方，ネイティブの英語にみられる不定冠詞の用例は，「まず手始めの一歩として」という具合に，さりげなく最初の手順に言及していると思われる．the first step は間違いという訳ではないが，伝えている意味が微妙に違うし，ネイティブの英語にはあまり見られない表現である，ということは知っておくと良いだろう．

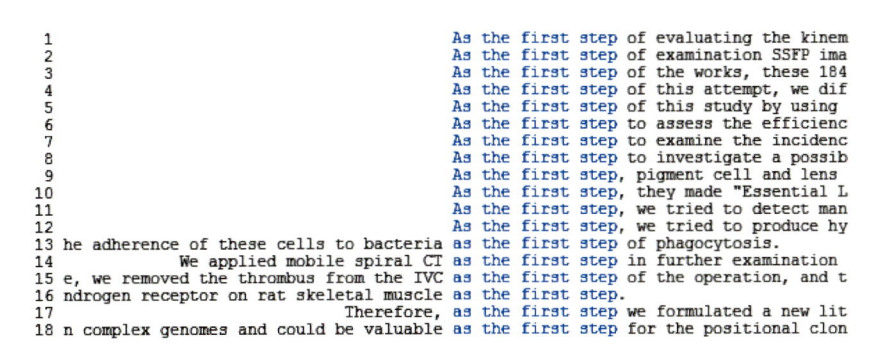

```
 1                                         As the first step of evaluating the kinem
 2                                         As the first step of examination SSFP ima
 3                                         As the first step of the works, these 184
 4                                         As the first step of this attempt, we dif
 5                                         As the first step of this study by using
 6                                         As the first step to assess the efficienc
 7                                         As the first step to examine the incidenc
 8                                         As the first step to investigate a possib
 9                                         As the first step, pigment cell and lens
10                                         As the first step, they made "Essential L
11                                         As the first step, we tried to detect man
12                                         As the first step, we tried to produce hy
13 he adherence of these cells to bacteria as the first step of phagocytosis.
14              We applied mobile spiral CT as the first step in further examination
15 e, we removed the thrombus from the IVC as the first step of the operation, and t
16 ndrogen receptor on rat skeletal muscle as the first step.
17                              Therefore, as the first step we formulated a new lit
18 n complex genomes and could be valuable as the first step for the positional clon
```

図 1-9-1　J-Corpus に見る日本人英文例（as the first step）

```
 5                                         As a first step in understanding how RNA
 6                                         As a first step in understanding its role
 7                                         As a first step to investigate this hypot
 8                                         As a first step to investigating the rela
 9                                         As a first step to structurally character
10                                         As a first step toward adaptation of capi
11                                         As a first step toward defining the funct
12                                         As a first step toward determining the fa
13                                         As a first step toward gaining new insigh
14                                         As a first step toward improving our unde
15                                         As a first step toward investigating whet
```

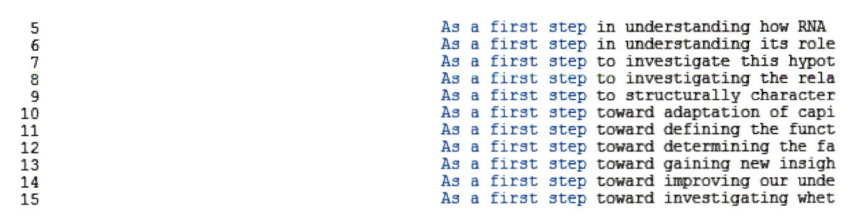

図 1-9-2　LSD-mini Corpus に見るネイティブ英文例（as a first step）

以上述べてきたように，「相手の意識を意識」するという基本的視点から冠詞の用法を考えることで，不用意に混乱を招くことを避けたいものである．

第2部
主語別にみる主語-動詞の組み合わせ＋例文500

　英文を書くためにまず必要なことは，主語と動詞を決めることである．第2部では，論文でよく使われる名詞（主語）と動詞の組み合わせに焦点を合わせて解説する．主語としてよく使われる名詞を15のカテゴリーに分類し（下図参照），それぞれの分類の中で，主語となる名詞ごとによく使われる動詞の組み合わせおよび例文を示す．実際に論文を書くときに，これらを参考にすれば主語と動詞を的確に選ぶことができるであろう．ただし，ここでは連続する名詞と動詞が，主語と動詞の関係になっている例だけを示す．主語が動詞の直前に来ない文を書く場合でも，使われる「主語＋動詞」の組み合わせの傾向はほぼ同じである．なお，主語と動詞の選び方や長い主部のつくり方については，第1部のポイント2および3にまとめてあるので参照していただきたい．

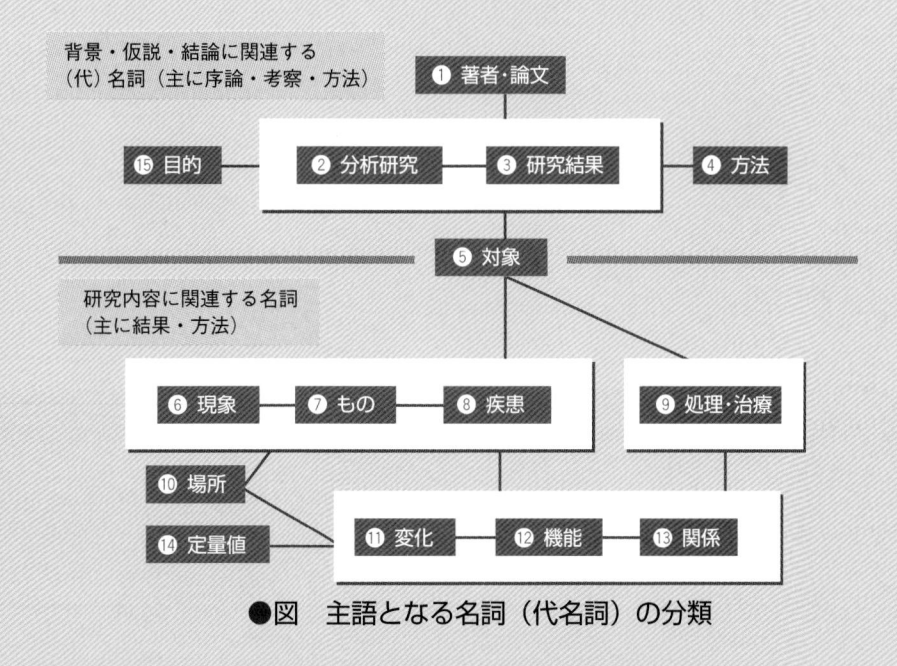

背景・仮説・結論に関連する(代)名詞（主に序論・考察・方法）
- ❶ 著者・論文
- ❷ 分析研究
- ❸ 研究結果
- ❹ 方法
- ❺ 対象
- ⓯ 目的

研究内容に関連する名詞（主に結果・方法）
- ❻ 現象
- ❼ もの
- ❽ 疾患
- ❾ 処理・治療
- ❿ 場所
- ⓫ 変化
- ⓬ 機能
- ⓭ 関係
- ⓮ 定量値

●図　主語となる名詞（代名詞）の分類

第2部　主語別にみる 主語-動詞の組み合わせ＋例文 500

1章 「著者・論文」を主語にする文をつくる

　本章では，まず論文で主語として最もよく用いられる we を取り上げる．we と author は論文の「著者」として研究の結果や解釈について述べる．また，同時に研究の実施者でもあるので，計画・遂行について述べる場合にも主語となる．一方，paper や article などの「論文」を意味する名詞は，研究結果を述べる場合に主語として用いられる．しかし，「論文」の意味の名詞には研究の実施者というニュアンスはあまりない．　※名詞の分類については第1部 23 ページ参照

◆主語になる「著者・論文」の名詞とその使い分け

① we（我々），author（著者）	論文で用いられる著者を意味する単語には，we と author がある．使われる頻度としては，we が圧倒的に多い．また，これら以外の人が，行為者である主語として使われることは少ない．
②paper（論文），article（論文），report（報告），review（総説）	論文を意味する単語としては，paper, article, report がよく用いられる．article は総説の場合がかなり多い．review は，総説の意味だけで使われる．

◆「著者・論文」の分類の名詞と組み合わせてよく用いられる動詞

i. 解釈・結果（示す，実証する，述べる，など）	report / show / demonstrate / suggest / conclude / describe / review / discuss / present / provide / summarize / propose
ii. 同定（見つける，同定する，など）	find / identify
iii. 計画・遂行（調べる，精査する，使う，など）	examine / study / investigate / test / use / compare / analyze / assess / evaluate / explore / focus on / address

◆名詞-動詞の組み合わせの頻度

動詞　　　　　名詞（主語）	報告する report	示す show	実証する demonstrate	示唆する suggest	結論する conclude	述べる describe	概説する review	議論する discuss	提供する present
we 我々	22419	39035	18035	3874	11833	9230	1726	2028	6893
author 著者	86	56	35	43	157	65	172	49	71
paper 論文	169	47	44	14	5	488	163	41	169
article 論文	62	19	15	13	10	209	480	89	88
report 報告	0	133	185	273	2	460	22	17	71
review 総説	17	17	8	14	15	223	1	314	70

i. 解釈・結果

動詞 名詞（主語）	i.解釈・結果			ii. 同定		iii. 計画・遂行			
	提供する provide	要約する summarize	提案する propose	見つける find	同定する identify	調べる examine	研究する study	精査する investigate	テストする test
we 我々	3109	250	10467	27384	8812	11835	5304	9648	4964
author 著者	28	11	66	220	55	557	114	248	110
paper 論文	68	21	19	0	13	59	5	16	2
article 論文	87	72	27	0	2	53	1	6	0
report 報告	114	30	9	9	54	63	0	20	4
review 総説	126	415	2	11	26	183	0	2	0

動詞 名詞（主語）	iii. 計画・遂行							
	使う use	比較する compare	解析する analyze	評価する assess	評価する evaluate	探索する explore	焦点を当てる focus on	取り組む address
we 我々	13084	3787	3592	1894	2836	1361	627	755
author 著者	285	175	134	139	156	31	12	11
paper 論文	12	10	2	3	6	29	28	34
article 論文	9	7	15	4	8	33	52	31
report 報告	11	18	12	4	13	8	35	10
review 総説	8	12	12	18	32	37	513	88

■使いこなしのポイント■

以下のようなパターンをマスターしよう．

1. 節（that 節など）を目的語とする表現

we show that ～（我々は～ということを示す）
we demonstrate that ～（我々は～ということを実証する）
we conclude that ～（我々は～ということを結論する）
we propose that ～（我々は～ということを提案する）
we observed that ～（我々は～ということを観察した）
we hypothesized that ～（我々は～ということを仮定した）
we determined whether ～（我々は～ということを決定した）
we investigated whether ～（我々は～ということを精査した）

2. 同格の that 節を伴う名詞を目的語とする表現

we present evidence that ～（我々は～という証拠を提供する）
we tested the hypothesis that ～（我々は～という仮説をテストした）

we （我々）【代名詞】 396682

we は論文の著者であり，論文内容のすべての研究・調査・解析を行う．論文では非常に高頻度に用いられる．

◆ we と共によく使われる動詞

● 解釈・結果に関する動詞 — 用例数

動詞	意味	用例数
show ~	~を示す ❶	39035
report ~	~を報告する ❷	22419
demonstrate ~	~を実証する ❸	18035
conclude ~	~を結論する ❹	11833
propose ~	~を提案する ❺	10467
describe ~	~を述べる ❻	9230
present ~	~を提示する ❼	6893
hypothesize ~	~を仮定する ❽	5338
suggest ~	~を示唆する	3874
provide ~	~を提供する	3109
discuss ~	~を議論する	2028
characterize ~	~を特徴づける	2120
conduct ~	~を行う	1458
review ~	~を概説する	1726
establish ~	~を確立する	920
confirm ~	~を確認する	970
speculate ~	~を推測する	893
discover ~	~を発見する	714
believe ~	~を信じる	668

● 同定に関する動詞

動詞	意味	用例数
find ~	~を見つける ❾	27384
identify ~	~を同定する ❿	8812
observe ~	~を観察する ⓫	5054

● 計画・遂行に関する動詞

動詞	意味	用例数
examine ~	~を調べる ⓬	11835
use ~	~を使う ⓭	13084
investigate ~	~を精査する ⓮	9648
study ~	~を研究する ⓯	5304
test ~	~をテストする ⓰	4964
compare ~	~を比較する ⓱	3787

動詞	意味	用例数
determine ~	~を決定する ⓲	3786
analyze ~	~を解析する ⓳	3592
develop ~	~を開発する	3206
evaluate ~	~を評価する	2836
perform ~	~を行う	2810
generate ~	~を制作する	2769
sought to ~	~しようとした	2416
measure ~	~を計測する	2124
assess ~	~を評価する	1894
construct ~	~を構築する	1467
isolate ~	~を単離する	1378
explore ~	~を探索する	1361
detect ~	~を検出する	1024
apply ~	~を適用する	989
clone ~	~をクローン化する	821
employ ~	~を利用する	772
screen ~	~を選別する	748
obtain ~	~を得る	704
create ~	~を作製する	680
express ~	~を発現させる	666
ask ~	~を問う	660
utilize ~	~を利用する	654

◆文の組み立て例

「我々は~ということを示す」
→ We show that ~
　S + V

we は文頭で用いられることが多い（例文 ❶, ❹, ❺, ❽ など）．
しかし，例文 ❷, ❿, ⓫ などのように文頭に副詞や副詞句が用いられることも多い．

例 文

❶ We show that p53 variants are expressed in normal human tissue in a tissue-dependent manner. （Genes Dev. 2005 19:2122）
（我々は，~ということを示す）

❷ Here we report the identification of the mouse ortholog of Xenopus ePAB. （Proc Natl Acad Sci USA. 2005 102:367）
（ここに我々は，~のマウスオルソログの同定を報告する）

❸ Here, we demonstrate that the basic helix-loop-helix transcription factor Olig2 plays a central role in this process. （J Neurosci. 2005 25:7289）
（我々は，~ということを実証する）

❹ **We conclude that** SLE is associated with abnormal early B cell tolerance. (*J Exp Med. 2005 201:703*)
(我々は，〜ということを結論する)

❺ **We propose that** centromere coupling facilitates homolog pairing and promotes synapsis initiation. (*Science. 2005 308:870*)
(我々は，〜ということを提案する)

❻ In this study, **we describe** the isolation of a cDNA encoding a full-length version of Xenopus ATM. (*J Biol Chem. 2004 279:53353*)
(我々は，〜をコードする cDNA の単離について述べる)

❼ Here, **we present evidence that** MDM2 interacts with the nuclear corepressor KAP1. (*EMBO J. 2005 24:3279*)
(我々は，〜という証拠を提示する)

❽ **We hypothesized that** redox status is a determinant of NO effects on cell viability. (*Hepatology. 2005 42:598*)
(我々は，〜ということを仮定した)

❾ Using the two-hybrid system, **we found that** the extreme C-terminal region of Mec1 is critical for RPA binding. (*Mol Biol Cell. 2005 16:5227*)
(我々は，〜ということを見つけた)

❿ Here **we identified** a novel mechanism by which MuSK expression may be regulated. (*Mol Cell Biol. 2005 25:5329*)
(我々は，MuSK 発現が制御されるかもしれない新規の機構を同定した)

⓫ In this study, **we observed that** DIM activated the IFN-γ signaling pathway in human breast cancer cells. (*Mol Pharmacol. 2006 69:430*)
(我々は，〜ということを観察した)

⓬ In this study, **we examined** the effects of IF on ischemic injury of the heart in rats. (*Circulation. 2005 112:3115*)
(我々は，〜の虚血傷害に対する IF の影響を調べた)

⓭ To approach this issue, **we used** a novel mouse aortic transplantation model. (*Circulation. 2001 104:2447*)
(我々は，新規のマウス大動脈移植モデルを使った)

⓮ **We investigated whether** HDAC inhibitors blocked AP-1-mediated activation of COX-2 transcription. (*J Biol Chem. 2005 280:32569*)
(我々は，〜かどうかを精査した)

⓯ In the present work **we studied** the effects of p53 and its homologue p73 α on cell migration. (*J Biol Chem. 2003 278:27362*)
(我々は，〜に対する p53 とそのホモログ p73 αの影響を研究した)

⓰ Counter to this idea, **we tested the hypothesis that** NOS1 has a protective effect after MI. (*Circulation. 2005 112:3415*)
(我々は，〜という仮説をテストした)

⓱ **We compared** the ability of these four receptors to modulate pH-dependent responses by using transiently transfected cell lines. (*Proc Natl Acad Sci USA. 2005 102:1632*)
(我々は，〜するこれらの 4 つの受容体の能力を比較した)

⓲ In this study, **we determined whether** apoptosis influenced host resistance to the fungus Histoplasma capsulatum. (*J Clin Invest. 2005 115:2875*)
(我々は，〜かどうかを決定した)

⓳ **We analyzed** data from 445 enrolled patients receiving subcutaneous or intravenous enoxaparin in a prospective, multicenter study. (*J Am Coll Cardiol. 2003 42:1132*)
(我々は，〜を受けた 445 名の登録患者からのデータを分析した)

author （著者）【名詞】 6335

authors　6017
author　　318

the authors の用例が圧倒的に多い．ただし，ほとんどの場合で，we と同じ意味なのであえて使う必要はあまりない．

◆ author と共によく使われる動詞

●計画・遂行に関する動詞　　　　　　　用例数
examine ~	~を調べる ❶	557
use ~	~を使う ❷	285
investigate ~	~を精査する	248
conduct ~	~を行う	205
hypothesize ~	~を仮定する	117
study ~	~を研究する	114
test ~	~をテストする	110
sought to ~	~しようとした	106
perform ~	~を実行する	81
develop ~	~を開発する	59
determine ~	~を決定する	59
measure ~	~を測定する	48

●解釈・結果に関する動詞
compare ~	~を比較する	175
review ~	~を概説する／~を再検討する ❸	172
conclude ~	~を結論する ❹	157
evaluate ~	~を評価する	156
assess ~	~を評価する	139
analyze ~	~を分析する	134
report ~	~を報告する	86
present ~	~を提示する	71
propose ~	~を提案する	66
describe ~	~を述べる	65
show ~	~を示す	56
discuss ~	~を議論する	49

●同定に関する動詞
find ~	~を見つける ❺	220
identify ~	~を同定する	55

例文

❶ In this study, **the authors examined** the relation between HDL cholesterol levels and the risk of stroke in elderly men.　(*Am J Epidemiol. 2004 160:150*)
（著者らは，~の間の関連を調べた）

❷ **The authors used** a monkey model to evaluate intraocular lenses（IOLs）for the treatment of infantile cataract in humans.　(*Invest Ophthalmol Vis Sci. 1996 37:1520*)
（著者らは，~を評価するためにサルのモデルを使った）

❸ **The authors reviewed** 2,334 hospitalized patients with C. difficile colitis from January 1989 to December 2000.　(*Ann Surg. 2002 235:363*)
（著者らは，2,334 名のクロストリジウム・ディフィシル大腸炎の入院患者を再検討した）

❹ **The authors concluded that** CRP is probably a mediator of atherothrombotic disease.　(*Circ Res. 2005 97:e97*)
（著者らは，~ということを結論した）

❺ **The authors found that** this approach may be an effective alternative to surgical intervention in some cases.　(*Radiology. 2001 221:463*)
（著者らは，~ということを見つけた）

paper (論文)【名詞】 5623

paper	5076
papers	547

this paper の用例が圧倒的に多く，「この論文は〜」という場合に使われる．

◆ paper と共によく使われる動詞

●解釈・結果に関する動詞　　　　　　　　　　　　　　　用例数
describe 〜	〜を述べる ❶	488
present 〜	〜を提示する ❷	169
report 〜	〜を報告する ❸	169
review 〜	〜を概説する ❹	163
provide 〜	〜を提供する	68
show 〜	〜を示す	47
demonstrate 〜	〜を実証する	44
discuss 〜	〜を議論する	41

●計画・遂行に関する動詞
examine 〜	〜を調べる ❺	59
address 〜	〜を取り組む ❻	34

例文

❶ This **paper describes** the development of this novel class of compounds.　(*J Med Chem. 1997 40:322*)
（この論文は，〜の開発について述べる）

❷ This **paper presents evidence that** plant brassinosteroid（BR）hormones play a role in promoting germination.　(*Plant Physiol. 2001 125:763*)
（この論文は，〜という証拠を提示する）

❸ This **paper reports** the identification of two structural variations in the NC1 domain of rat and mouse type XII collagen.　(*J Biol Chem. 1999 274:22053*)
（この論文は，2つの構造的変異の同定を報告する）

❹ This **paper reviews** recent advances in the strategies for urinary tract reconstruction in children with spina bifida.　(*Curr Opin Urol. 2002 12:485*)
（この論文は，〜における最近の進歩を概説する）

❺ This **paper examines** the role of the α2-integrin subunit in osteocalcin promoter activation and osteoblast differentiation.　(*J Biol Chem. 1998 273:32988*)
（この論文は，〜におけるα2-インテグリンサブユニットの役割を調べる）

❻ This **paper addresses** the application of the device for the measurement of trace atmospheric ammonia.　(*Anal Chem. 2000 72:3165*)
（この論文は，〜の適用に取り組む）

article （論文／記事）【名詞】 5013

article	3882
articles	1131

this article の用例が圧倒的に多い．「最近（過去）の論文（研究）が～」という場合には，recent（previous）studies, recent（previous）work, recent（previous）reports などが用いられることが多い．

◆ article と共によく使われる動詞

●解釈・結果に関する動詞　　　　　　　　　用例数
review ～	～を概説する ❶	480
describe ～	～を述べる	209
discuss ～	～を議論する	89
present ～	～を提示する	88
provide ～	～を提供する	87
summarize ～	～を要約する	72
report ～	～を報告する	62

●計画・遂行に関する動詞
examine ～	～を調べる	53
focus on ～	～に焦点を合わせる	52
explore ～	～を探索する ❷	33
address ～	～に取り組む	31

例文

❶ This article reviews the recent literature on telomere biology and highlights areas for future research. (Annu Rev Genet. 1996 30:141)
（この論文は，最近の文献を概説する）

❷ This article explores the role of DNA methylation in silencing ARHI expression. (Cancer Res. 2003 63:4174)
（この論文は，ARHI 発現を沈黙化させる際の DNA メチル化の役割を探索する）

report （報告）【名詞／動詞】 39363

report	33594
reports	5769

口頭での「報告」の意味もあるが，「論文」の意味で使われることが多い．複数形の用例がかなり多く，previous reports や recent reports がよく用いられる．単数形の場合には，this report のパターンが多い．動詞の用例の方が多いが，名詞としてもよく用いられる．

◆ report と共によく使われる動詞

●解釈・結果に関する動詞　　　　　　　　　用例数
describe ～	～を述べる ❶	460
suggest ～	～を示唆する ❷	273
demonstrate ～	～を実証する ❸	185
indicate ～	～を示す	143
show ～	～を示す	133
provide ～	～を提供する	114
present ～	～を提示する	71
represent ～	～を表す	31
summarize ～	～を要約する	30

●計画・遂行に関する動詞
examine ~	~を調べる	63
focus on ~	~に焦点を合わせる	35

●同定に関する動詞
identify ~	~を同定する ❹	54

例文

❶ This **report describes** the cloning and characterization of EST3.　*(Curr Biol. 1997 7:969)*
（この報告は，EST3 のクローニングと特徴づけについて述べる）

❷ Recent **reports suggest that** circulating levels of resistin are elevated in obese and insulin-resistant rodents and humans.　*(Circulation. 2005 111:932)*
（最近の報告は，~ということを示唆する）

❸ This **report demonstrates that** one or more γ subunits also contribute to this role.　*(J Biol Chem. 2003 278:40272)*
（この報告は，~ということを実証する）

❹ This **report identifies** and characterizes a zebrafish orthologue of the catfish NCCRP-1.　*(J Mol Evol. 2002 54:386)*
（この報告は，ナマズ NCCRP-1 のゼブラフィッシュオルソログを同定し，そして特徴づける）

review 【総説／再検討】【名詞／動詞】 6335

review　6017
reviews　318

this review の形で用いられることが非常に多い．動詞としても用いられる．

◆ review と共によく使われる動詞

●解釈・結果に関する動詞

		用例数
summarize ~	~を要約する ❶	415
discuss ~	~を議論する	314
describe ~	~を述べる	223
highlight ~	~を強調する	201
provide ~	~を提供する ❷	126
address ~	~に取り組む	88
present ~	~を表す	70
cover ~	~を網羅する ❸	66
consider ~	~を考える	53
outline ~	~の概要を述べる	44
aim ~	~を目的とする ❹	40
evaluate ~	~を評価する	32

●計画・遂行に関する動詞

focus on ~	~に焦点を合わせる ❺	513
examine ~	~を調べる	183
explore ~	~を探索する	37

●再検討に関する動詞

be performed	実施される	64

例文

❶ Using Saccharomyces cerevisiae as a paradigm, this **review summarizes** current knowledge about the four pathways by which this yeast accumulates iron. （*Mol Microbiol. 2003 47:1185*）
（この総説は，この酵母が鉄を蓄積する4つの経路に関する現在の知識を要約する）

❷ This **review provides** an overview of recent advances in the understanding of apoptosis in human cancer cells. （*Curr Opin Oncol. 2004 16:19*）
（この総説は，アポトーシスの理解における最近の進歩の概要を提供する）

❸ This **review covers** the recent progress in studying cytokinesis in budding yeast. （*Curr Opin Microbiol. 2001 4:690*）
（この総説は，〜における最近の進歩を網羅する）

❹ This **review aims to** provide an overview of the use of two-photon excitation microscopy. （*Circ Res. 2004 95:1154*）
（この総説は，〜の使用の概要を提供することを目的とする）

❺ This **review focuses on** recent advances in the understanding of their functions. （*J Am Soc Nephrol. 2004 15:1690*）
（この総説は，〜の理解における最近の進歩に焦点を合わせる）

Column

that 節を目的語とする動詞

以下に示す動詞は，that 節を目的語とすることが非常に多い．describe, present, provide などthat 節を目的語としない動詞との使い分けに注意が必要である．
show that 〜（〜ということを示す）
find that 〜（〜ということを見つける）
conclude that 〜（〜ということを結論する）
propose that 〜（〜ということを提案する）
observe that 〜（〜ということを観察する）
suggest that 〜（〜ということを示唆する）
hypothesize that 〜（〜ということを仮定する）
demonstrate that 〜（〜ということを実証する）

第2部 主語別にみる 主語-動詞の組み合わせ＋例文500

2章 「分析研究」を主語にする文をつくる

「分析研究」の名詞は，研究の結果や解釈，研究の遂行について述べる場合などに主語として用いられる．研究の結果や解釈を述べる場合には，前章の「著者」の名詞と使い方が似ている．一方，研究の遂行という点では全く正反対で，実施する側と実施される側に分かれるという違いがある．

※名詞の分類については第1部23ページ参照

◆主語になる「分析研究」の名詞とその使い分け

①study（研究），investigation（研究／調査），experiment（実験），work（研究／仕事），research（調査／研究）	「研究」を意味する名詞には，study, investigation, experiment, work, research がある．この中では，study と experiment の使われる頻度が高く，特に「計画・遂行」に関する動詞（be performed など）と共に使われるのはほとんどこの2つだけである．
②analysis（分析／解析），assay（アッセイ）	「分析」を意味する名詞には，analysis や assay がある．ここでいう「分析」の名詞は，個々の研究方法やそれによって得られた結果に対して用いられ，研究計画全体の意味には使われない．
③test（検査／検定），examination（検査）	「検査」を意味する名詞としては，test や examination がある．これらは，組み合わされる動詞は似ているが，使われる状況（形容詞との組み合せなど）がかなり異なるので注意が必要である．
④comparison（比較），imaging（イメージング／画像化）	研究に関する「比較」を意味する comparison や画像化を意味する imaging も，組み合わせて使われる動詞が上記の名詞とよく似ている．

◆「分析研究」の分類の名詞と組み合わせてよく用いられる動詞

i. 解釈・結果（示唆する，示す，実証する，提供する，など）	suggest / indicate / show / reveal / demonstrate / confirm / establish / provide / allow / support / describe
ii. 計画・遂行（行われる，設計される，必要とされる，など）	be designed to / be performed / be conducted / be carried out / be done / be undertaken / be needed / be required / be used / examine
iii. 性質（含む，基づいている）	include / be based on
iv. 同定（同定する，検出する）	identify / find / detect

◆名詞-動詞の組み合わせの頻度

名詞（主語）		i. 解釈・結果							
	動詞	示唆する suggest	示す indicate	示す show	明らかにする reveal	実証する demonstrate	確認する confirm	確立する establish	提供する provide
study	研究	5015	3995	5068	2777	5411	660	508	2395
investigation	研究／調査	65	55	73	95	68	5	4	38
experiment	実験	805	1152	1699	945	1298	275	96	223
work	研究	372	175	348	62	416	15	82	231
research	研究／調査	109	46	45	7	25	2	1	19
analysis	分析／解析	1466	2991	4343	5216	2265	786	94	322
assay	アッセイ	163	608	1212	793	947	250	35	135
test	テスト	30	72	130	64	39	21	4	27
examination	検査	7	19	86	156	27	16	0	5
comparison	比較	79	81	115	148	28	9	1	27
imaging	イメージング	6	11	118	108	61	14	1	59

名詞（主語）		i. 解釈・結果			ii. 計画・遂行					
	動詞	可能にする allow	支持する support	述べる describe	設計される be designed to	行われる be performed	行われる be conducted	行われる be carried out	行われる be done
study	研究	62	602	386	1118	1076	905	225	138
investigation	研究／調査	0	6	3	20	20	11	4	5
experiment	実験	22	111	3	102	536	204	154	41
work	研究	5	50	114	7	5	2	5	3
research	研究／調査	2	14	4	5	2	9	2	0
analysis	分析／解析	110	136	3	4	1273	250	92	120
assay	アッセイ	75	16	1	18	292	30	38	18
test	テスト	9	3	0	2	129	17	7	15
examination	検査	1	2	0	0	134	11	3	3
comparison	比較	18	1	2	1	32	4	2	4
imaging	イメージング	27	2	0	0	160	2	3	1

名詞（主語）		ii. 計画・遂行					iii. 性質		iv. 同定
	動詞	着手される be undertaken	必要とされる be needed	必要とされる be required	使われる be used	調べる examine	含む include	基づいている be based on	同定する identify
study	研究	959	567	163	121	1878	314	62	1076
investigation	研究／調査	25	32	19	3	33	36	4	17
experiment	実験	25	9	7	82	87	11	6	151
work	研究	7	79	22	0	41	8	5	109
research	研究／調査	3	277	50	0	8	4	1	4
analysis	分析／解析	43	15	16	816	42	225	105	1050
assay	アッセイ	2	9	7	510	2	12	77	138
test	テスト	1	10	7	223	2	24	5	16
examination	検査	0	3	1	6	0	21	0	5
comparison	比較	2	0	1	7	3	10	5	16
imaging	イメージング	1	4	2	116	0	6	0	7

名詞（主語）	動詞	iv. 同定 見つける find	検出する detect
study	研究	311	25
investigation	研究／調査	6	0
experiment	実験	17	19
work	研究	12	0
research	研究／調査	5	0
analysis	分析／解析	90	135
assay	アッセイ	8	137
test	テスト	7	18
examination	検査	1	2
comparison	比較	9	3
imaging	イメージング	0	11

■使いこなしのポイント■

以下のようなパターンをマスターしよう．

we を主語とする場合との動詞の使い分けについては，第1部ポイント3（図1-3-1）を参照．

1. that 節を目的語とする表現

work suggests that 〜（研究は〜ということを示唆する）
experiments showed that 〜（実験は〜ということを示した）
study demonstrates that 〜（研究は〜ということを実証する）
studies indicate that 〜（研究は〜ということを示す）
studies established that 〜（研究は〜ということを確立した）
investigation revealed that 〜（研究は〜ということを明らかにした）
experiments confirmed that 〜（実験は〜ということを確認した）

2. 同格の that 節を伴う名詞を目的語とする表現

study provides evidence that 〜（研究は〜という証拠を提供する）
study supports the hypothesis that 〜（研究は〜という仮説を支持する）

3. to 不定詞を後ろに伴う受動態表現

study was designed to *do* 〜（研究が〜するために設計された）
studies are needed to *do* 〜（研究は〜するために必要とされる）
analysis was used to *do* 〜（分析が〜するために使われた）
analysis allows us to *do* 〜（分析は我々が〜することを可能にする）

4. 前置詞を後ろに伴う受動態表現

assay is based on 〜（アッセイは〜に基づいている）

study

（研究）
【名詞／動詞】 178999

study 94699
studies 84300

studyは、「分析・研究」の分類の中で最もよく使われるものである．studyには、「研究を実施すること」と「研究から得られた結果」という大きく2つの意味合いがあり、それぞれ「計画・遂行」の動詞と「解釈・結果」の動詞が組み合わせて用いられる．

◆ study と共によく使われる動詞

●解釈・結果に関する動詞　　　　　　　　　　用例数

demonstrate ~	~を実証する ❶	5411
show ~	~を示す	5068
suggest ~	~を示唆する ❷	5015
indicate ~	~を示す ❸	3995
reveal ~	~を明らかにする	2777
provide ~	~を提供する ❹	2395
confirm ~	~を確認する	660
support ~	~を支持する ❺	602
establish ~	~を確立する ❻	508
describe ~	~を述べる	386
report ~	~を報告する	297
implicate ~	~を示唆する	246
define ~	~を定義する	243
highlight ~	~を強調する	215
illustrate ~	~を例示する	197
represent ~	~を意味する	187
present ~	~を提示する	169
characterize ~	~を特徴づける	158
document ~	~を述べる	135
extend ~	~を広げる	122

●計画・遂行に関する動詞

be designed to ~	~するために設計される ❼	1118
examine ~	~を調べる ❽	1878
be performed	行われる ❾	1076
investigate ~	~を精査する ❿	1007
be undertaken	行われる ⓫	959
be conducted	行われる ⓬	905

evaluate ~	~を評価する	623
be needed	必要とされる ⓭	567
use ~	~を使用する	521
sought to ~	~しようとした	497
test ~	~をテストする	484
compare ~	~を比較する	438
assess ~	~を評価する	318
determine ~	~を決定する	238
address ~	~に取り組む	229
be carried out	行われる	225
focus on ~	~に着目する	216
explore ~	~を探索する	192
be required	必要とされる	163
be done	行われる	138
be used	使われる	121
compare ~	~を比較する	111
be initiated	開始される	91

●性質に関する動詞

include ~	~を含む ⓮	314
be warranted	保証される	106

●同定に関する動詞

identify ~	~を同定する	1076
find ~	~を見つける	311

◆文の組み立て例
「我々の研究は~ということを実証する」
→ Our study demonstrates that ~.
　　　 S ＋ V

例文

❶ This **study demonstrates that** macromolecular crowding has structural effects on the folded ensemble of polypeptides. *(Proc Natl Acad Sci USA. 2007 104:18976)*
（この研究は，~ということを実証する）

❷ Recent **studies suggest that** mutations of ELA2 may cause disease through induction of the unfolded protein response. *(Curr Opin Hematol. 2008 15:1)*
（最近の研究は，~ということを示唆する）

❸ These **studies indicate that** both ΔNp63α and TAp63α can negatively regulate keratinocyte survival. *(J Invest Dermatol. 2007 127:1980)*
（これらの研究は，~ということを示す）

❹ This **study provides evidence that** Oct-4 might be the master regulator of the pluripotent state in mammalian cells. *(Circulation. 2004 110:2226)*
（この研究は，~という証拠を提供する）

❺ This **study supports the hypothesis that** the coexpression of Cx26/Cx30 is unique to gap junctions in the vertebrate inner ear. *(J Neurosci. 2006 26:6190)*
（この研究は，〜という仮説を支持する）

❻ Previous **studies established that** rotavirus NSP1 antagonizes IFN signaling by inducing IRF3 degradation. *(J Virol. 2007 81:4473)*
（以前の研究は，〜ということを確立した）

❼ The present **study was designed to** determine the mechanism by which GP VI clearance occurs. *(Blood. 2005 105:186)*
（現在の研究は，〜である機構を決定するために設計された）

❽ This **study examined** the effects of eradication therapy on inflammation, atrophy, metaplasia, dysplasia, and cancer progression. *(Gastroenterology. 2005 128:1937)*
（この研究は，〜に対する根絶療法の効果を調べた）

❾ Additional **studies were performed to** examine the expression and activation of two inducers of apoptosis, caspases-1 and -3. *(Am J Pathol. 2000 157:1259)*
（付加的な研究が，〜の発現と活性化を調べるために実行された）

❿ This **study investigated whether** pericytes can also differentiate into chondrocytes and adipocytes. *(Circulation. 2004 110:2226)*
（この研究は，〜かどうかを精査した）

⓫ The current **study was undertaken to** investigate the relative contribution of calcium and myosin binding to thin filament activation. *(Biophys J. 2003 85:2484)*
（現在の研究は，〜を精査するために着手された）

⓬ The present **study was conducted to** determine whether whole-body yaw alters the position and orientation of LP. *(Invest Ophthalmol Vis Sci. 2007 48:2076)*
（現在の研究は，〜かどうかを決定するために行われた）

⓭ Further **studies are needed to** confirm this hypothesis. *(Crit Care Med. 2007 35:S441)*
（さらなる研究が，この仮説を確認するために必要とされる）

⓮ The **study included** 152 patients with JIA (87 females). *(Arthritis Rheum. 2007 57:921)*
（その研究は，152 名の JIA の患者を含んでいた）

investigation 〈研究／調査〉【名詞】 7660

investigation	5244
investigations	2416

investigation は，「研究／調査」を意味する．study などと比べると使われる頻度は非常に低い．

◆ investigation と共によく使われる動詞

●解釈・結果に関する動詞　　　　　　　　　　　　用例数
reveal 〜	〜を明らかにする❶	95
show 〜	〜を示す	73
demonstrate 〜	〜を実証する	68
suggest 〜	〜を示唆する	65
indicate 〜	〜を示す	55
provide 〜	〜を提供する	38

●計画・遂行に関する動詞
examine 〜	〜を調べる	33
be needed	必要とされる	32
be undertaken	着手される	25

●性質に関する動詞
be warranted	保証される	27

◆冠詞
複数形の用例がかなり多いが，単数形の場合には無冠詞で用いられることの方が多い．

例文

❶ Further **investigation revealed that** PKA phosphorylated HNF–6 *in vitro*. *(J Biol Chem. 2001 276:19111)*
（さらなる研究は，〜ということを明らかにした）

experiment 〔実験〕【名詞】 27957

	用例数
experiments	24010
experiment	3947

experiment は，実験室で行われる研究に対して使われることが多い．組み合わされる動詞の頻度分布は，study によく似ている．複数形の用例が非常に多い．

◆ experiment と共によく使われる動詞

●解釈・結果に関する動詞

		用例数
show 〜	〜を示す ❶	1699
demonstrate 〜	〜を実証する	1298
indicate 〜	〜を示す ❷	1152
reveal 〜	〜を明らかにする	945
suggest 〜	〜を示唆する	805
confirm 〜	〜を確認する ❸	275
provide 〜	〜を提供する	223
support 〜	〜を支持する	111
establish 〜	〜を確立する	96

●計画・遂行に関する動詞

be performed	実行される ❹	536
be conducted	行われる	204
be carried out	行われる ❺	154
be designed to 〜	〜するために計画される	102
examine 〜	〜を調べる	87
be used	使われる	82

●同定に関する動詞

identify 〜	〜を同定する	151

例文

❶ Chromatin immunoprecipitation **experiments showed that** glucose increases Stb3 binding to RRPE-containing promoters. *(J Biol Chem. 2007 282:26623)*
（クロマチン免疫沈降実験は，〜ということを示した）

❷ These **experiments indicated that** pyrG expression is repressed by cytidine nucleotides but is largely independent of uridine nucleotides. *(J Bacteriol. 2001 183:5513)*
（これらの実験が，〜ということを示した）

❸ Immunoprecipitation **experiments confirmed that** BAG-4 interacts with Hsc70/Hsp90 in HepG2 cells. *(J Biol Chem. 2003 278:52988)*
（免疫沈降実験は，〜ということを確認した）

❹ **Experiments were performed to** determine the effect of probe concentration and probe incubation time in the platelets prior to measurement of the fluorescence. *(Anal Chem. 2007 79:2421)*
（実験が，〜を決定するために行われた）

❺ **Experiments were carried out to** evaluate whether salicylate can modulate CYP2E1-dependent toxicity. *(Mol Pharmacol. 2001 59:795)*
（実験が，〜かどうかを評価するために行われた）

work （研究／仕事）【名詞／動詞】 13345

work	12873
works	472

work は，論文では「研究」という意味で使われることが多い．ただし，「研究結果」の意味合いが強く，study と違って「研究の実施」を意味することは少ない．

◆ work と共によく使われる動詞

●解釈・結果に関する動詞 　　　　　　　　　　　　　　用例数
動詞	意味	用例数
demonstrate ～	～を実証する ❶	416
suggest ～	～を示唆する ❷	372
show ～	～を示す	348
provide ～	～を提供する	231
describe ～	～を述べる	114
indicate ～	～を示す	175
establish ～	～を確立する	96
reveal ～	～を明らかにする	62
present ～	～を提示する	54
support ～	～を支持する	50

●計画・遂行に関する動詞
be needed	必要とされる	79
examine ～	～を調べる	41

●同定に関する動詞
identify ～	～を同定する	109

例文

❶ Previous **work demonstrated that** both SMG-5 and SMG-7 are required for efficient dephosphorylation of SMG-2. *(EMBO J. 2003 22:641)*
（以前の研究が，～ということを実証した）

❷ Recent **work suggests that** SWAP-70 is involved in B-cell activation, migration, and homing. *(Blood. 2008 111:2714)*
（最近の研究は，～ということを示唆する）

research （研究／調査）【名詞】 11161

research	11157
researches	4

research は「研究」の意味で使われるが，特定の研究を指すことはあまりなく，future research のような形が多い．

◆ research と共によく使われる動詞

●計画・遂行に関する動詞 　　　　　　　　　　　　　　用例数
be needed	必要とされる ❶	277
be required	必要とされる ❷	50

●解釈・結果に関する動詞
suggest ～	～を示唆する	109
indicate ～	～を示唆する	46
show ～	～を示す	45

◆冠詞
複数形が使われることはほとんどなく，また，無冠詞の用例が多い．

例文

❶ Further **research is needed to** understand the magnitude and mechanism of this risk. *(Curr Opin Rheumatol. 2006 18:221)*
（さらなる研究が，〜を理解するために必要とされる）

❷ **Additional research is required to** confirm these observations. *(Crit Care Med. 2001 29:S69)*
（追加の研究が，これらの観察を確認するために必要とされる）

analysis （解析／分析）【名詞】 103301

analysis	84269
analyses	19032

analysis は，研究の中の個々の分析法などを意味し，研究計画全般のことは意味しない．

◆ analysis と共によく使われる動詞

●解釈・結果に関する動詞　　　　　　　　　　　　　　　用例数

reveal 〜	〜を明らかにする ❶	5216
show 〜	〜を示す ❷	4343
indicate 〜	〜を示す	2991
demonstrate 〜	〜を実証する	2265
suggest 〜	〜を示唆する	1466
confirm 〜	〜を確認する ❸	786
provide 〜	〜を提供する	322
support 〜	〜を支持する	136

●計画・遂行に関する動詞

be performed	行われる ❹	1273
be used	使われる ❺	816
be conducted	行われる	250
be done	行われる	120
predict 〜	〜を予想する	106
be carried out	実行される	92
determine 〜	〜を決定する	86
localize 〜	〜を局在化する	81
be applied	適用される	73
be undertaken	着手される	43

●同定に関する動詞

identify 〜	〜を同定する ❻	1050
detect 〜	〜を検出する	135
find 〜	〜を見つける	90

●性質に関する動詞

include 〜	〜を含む	225
yield 〜	〜を産生する	129
allow 〜	〜を可能にする ❼	110
be based on 〜	〜に基づいている	105
establish 〜	〜を確立する	94
define 〜	〜を定義する	70
fail to 〜	〜できない	67
be restricted to 〜	〜に限られる	66
be limited	制限される	48

◆文の組み立て例
「連鎖解析が〜に対して行われた」
→ Linkage analysis was performed on 〜.
　　　　　S　　　　　+　　V

◆冠詞
複数形の用例もあるが，単数形の場合には無冠詞のことがかなり多い．

例文

❶ Sequence **analysis revealed that** all affected dogs share a homozygous deletion of 7.8 kb in the NHEJ1 gene. *(Genome Res. 2007 17:1562)*
（配列解析は，〜ということを明らかにした）

❷ Western blot **analysis showed that** gp340 is abundant in secreted tears and in the lacrimal glands. *(Infect Immun. 2006 74:4058)*
（ウエスタンブロット解析は，〜ということを示した）

❸ Northern blot **analysis confirmed that** expression of GADD34 mRNA was increased by MMC treatment. *(FASEB J. 2004 18:1001)*
（ノーザンブロット解析は，〜ということを確認した）

❹ Multivariate regression **analysis was performed to** reveal clinical predictors of change in coronary dimensions. *(Transplantation. 2007 83:700)*
（多変量回帰分析が，〜を明らかにするため行われた）

❺ DNA microarray **analysis was used to** identify IL-2-dependent molecules regulating this process. *(J Immunol. 2007 178:242)*
（DNA マイクロアレイ解析が，〜を同定するため使われた）

❻ Genome-wide linkage **analysis identified** a novel locus for this inherited phenotype on chromosome 10q25.3-q26.13. *(J Am Coll Cardiol. 2006 48:106)*
（ゲノムワイド連鎖解析は，この遺伝性の表現型に対する新規の座位を同定した）

❼ This **analysis allows us to** evaluate and to gain better theoretical understanding of the costs and benefits of sex in the F1 generation. *(Proc Natl Acad Sci USA. 2007 104:10553)*
（この解析は，我々が〜を評価するのを可能にする）

---

assay （アッセイ）【名詞／動詞】 42327

assay	22974
assays	19353

assay は analysis に近いが，より特定の研究方法に対して用いられる傾向がある．また，個々の研究方法によって，assay が用いられるか analysis が用いられるかの使い分けがある場合が多く注意を要する．

◆ assay と共によく使われる動詞

●解釈・結果に関する動詞 　　　　　　　　　　　　用例数

show 〜	〜を示す ❶	1212
demonstrate 〜	〜を実証する ❷	947
reveal 〜	〜を明らかにする	793
indicate 〜	〜を示す	608
confirm 〜	〜を確認する	250
suggest 〜	〜を示唆する	163
provide 〜	〜を提供する	135
allow 〜	〜を可能にする	75

●計画・遂行に関する動詞

be used	使われる ❸	510
be performed	行われる	292
be developed	開発される	266
be compared	比較される	45
be carried out	行われる	38
be validated	確認される	31

●性質に関する動詞
be based on ~	~に基づいている ❹	77
utilize ~	~を利用する	45

●同定に関する動詞
identify ~	~を同定する	138
detect ~	~を検出する	137

例文

❶ Electrophoretic mobility shift **assays showed that** a His-CcpA fusion protein was capable of binding specifically to the cre in Pmga *in vitro*. *(J Bacteriol. 2007 189:8405)*
（電気泳動移動度シフトアッセイが，～ということを示した）

❷ Chromatin immunoprecipitation **assays demonstrated that** IFN treatment of Daudi and DRST3 cells induced STAT3 binding to the CXCL11 promoter. *(J Immunol. 2007 178:986)*
（クロマチン免疫沈降アッセイが，～ということを実証した）

❸ A quantitative binding **assay was used to** measure membrane binding of β-COP when incubated with the mutant. *(Mol Biol Cell. 1999 10:1837)*
（定量的結合アッセイが，～を測定するために使われた）

❹ This **assay is based on** the decrease in fluorescence intensity that occurs when a fluorescein-labeled RNase A binds to RI. *(Anal Biochem. 2002 306:100)*
（このアッセイは，蛍光強度の低下に基づいている）

test 【名詞/動詞】 26888　（検査／検定）

test	20623
tests	6265

testは，名詞としても用いられるが，むしろ動詞として用いられることの方が多い．

◆ test と共によく使われる動詞

●計画・遂行に関する動詞　　　　　　　　　　用例数
be used	使われる ❶	223
be performed	行われる	129

●解釈・結果に関する動詞
show ~	~を示す	130
indicate ~	~を示す	72
reveal ~	~を明らかにする	64

例文

❶ Student's t-**test was used to** compare subgroups. *(Arthritis Rheum. 2005 52:592)*
（スチューデント t 検定が，サブグループ比較するために使われた）

examination 【名詞】 （検査） 7658

examination	6445
examinations	1213

examination は，ヒトや動物あるいは組織などを対象に行われることが多い．

◆ examination と共によく使われる動詞

●解釈・結果に関する動詞　　　　　　　　　　　　　　用例数
　reveal 〜　　　　〜を明らかにする ❶　　　　　　　156
　show 〜　　　　　〜を示す　　　　　　　　　　　　86

●計画・遂行に関する動詞
　be performed　　行われる ❷　　　　　　　　　　134

◆冠詞
複数形の用例がかなりあるが，単数形の場合には無冠詞のことが多い．

例 文

❶ Histological **examination revealed that** the liver of mutant animals contained abnormal cells with enlarged nuclei. *(Mol Cell Biol. 2004 24:1200)*
（組織学的検査は，〜ということを明らかにした）

❷ All abdominal CT **examinations were performed** at 120 kVp with a section thickness of approximately 7 mm for all sizes of patients. *(Radiology. 1999 210:645)*
（すべての腹部 CT が，120 kVp で行われた）

comparison 【名詞】 （比較） 16208

comparison	12641
comparisons	3567

comparison は，研究結果の比較という意味で用いられることが多い．

◆ comparison と共によく使われる動詞

●解釈・結果に関する動詞　　　　　　　　　　　　　　用例数
　reveal 〜　　　　〜を明らかにする ❶　　　　　　　148
　show 〜　　　　　〜を示す　　　　　　　　　　　　115
　indicate 〜　　　〜を示す　　　　　　　　　　　　81
　suggest 〜　　　　〜を示唆する　　　　　　　　　　79

例 文

❶ Sequence **comparisons revealed that** TE-derived human miRNAs are less conserved, on average, than non-TE-derived miRNAs. *(Genetics. 2007 176:1323)*
（配列比較は，〜ということを明らかにした）

imaging （イメージング／画像化）
【名詞】 15466

imaging は「画像化」という意味をもち，検査や研究の結果が画像データとして得られる場合に使われる．

◆ imaging と共によく使われる動詞

●計画・遂行に関する動詞　　　　　　　　　用例数
be performed　　行われる ❶　　　　　　198
be used　　　　 使われる　　　　　　　　133

●解釈・結果に関する動詞
show 〜　　　　 〜を示す　　　　　　　　118
reveal 〜　　　　〜を明らかにする　　　　108
demonstrate 〜　〜を実証する　　　　　　 61
provide 〜　　　 〜を提供する　　　　　　59
depict 〜　　　　〜を描写する　　　　　　 39

◆冠詞
無冠詞の用例が多い．

例文

❶ MR imaging was performed with a 1.5-T system. *(Radiology. 2004 232:810)*
（磁気共鳴画像法が，1.5 T システムで行われた）

Column

研究の遂行に関する動詞
be performed/be conducted/be carried out/be done/be undertaken

上に挙げた研究の遂行を意味する動詞（受動態）は，ほとんど同じ意味で用いられる．be undertaken（着手される）だけ少し意味が異なるが，内容的にはほとんど同じである．後ろに目的を意味する to 不定詞が続く場合が多いことも共通している．

第2部 主語別にみる 主語-動詞の組み合わせ＋例文 500

3章
「研究結果」を主語にする文をつくる

「研究結果」の名詞は，研究によって得られた情報や結果を意味する名詞である．主に結果の解釈を述べるときに主語として用いられる．このような場合には，前章までの「著者・論文」や「分析研究」の名詞と用法が似ている．「計画・遂行」の動詞に関しては，「著者」や「分析研究」の名詞の場合とは異なることが多い． ※名詞の分類については第1部23ページ参照

◆ 主語になる「研究結果」の名詞とその使い分け

① result（結果），data（データ），finding（知見），observation（観察），evidence（証拠）	「研究結果」を意味する名詞としては，result，data，finding が非常によく用いられる．また，observation や evidence もかなりよく使われる．これらの中で be collected と組み合わせて使われるのは data だけであることから，生データを意味するのは data だけであることがわかる．evidence はポジティブデータだけに用いられる，使われる動詞が限られるので注意したい．
② model（モデル），structure（構造），sample（サンプル／試料）	model は「研究結果」から得られるものであるが，「仮説」として作られることもあるので「方法」にも分類される（「第2部-4章」を参照）．研究対象の性質である structure や研究材料である sample も，「研究結果」として扱われることがある．

◆「研究結果」の分類の名詞と組み合わせてよく用いられる動詞

i. 解釈・結果（示唆する，示す，実証する，提供するなど）	suggest / indicate / demonstrate / show / reveal / establish / confirm / imply / argue / raise the possibility / provide / support / implicate / highlight / define / allow / be confirmed / be presented / exist
ii. 計画・遂行（議論される，比較されるなど）	be discussed / be compared / be analyzed / be collected / be obtained
iii. 同定（観察される，見つけられる）	be observed / be found

「名詞＋be 動詞＋形容詞」のパターンでは，be consistent with の用例が多い．

◆名詞-動詞の組み合わせの頻度

名詞（主語）	動詞	示唆する suggest	示す indicate	実証する demonstrate	示す show	明らかにする reveal	確立する establish	確認する confirm	意味する imply
result	結果	21367	14034	8700	6946	1528	826	761	664
data	データ	13770	7124	4105	3241	1004	355	322	311
finding	知見	7538	3565	2174	758	697	387	193	245
observation	観察	2180	837	333	186	144	64	58	102
evidence	証拠	2185	934	76	161	25	7	13	12
model	モデル	447	186	167	338	157	14	44	14
structure	構造	285	132	62	460	754	15	39	8
sample	サンプル	1	0	9	78	6	0	1	0

（i. 解釈・結果）

名詞（主語）	動詞	主張する argue	可能性を示唆する raise the possibility	提供する provide	支持する support	示唆する implicate	強調する highlight	定義する define	可能にする allow
result	結果	192	179	3902	2751	433	387	357	74
data	データ	163	91	2440	2470	306	140	173	107
finding	知見	74	156	1671	1438	276	231	161	35
observation	観察	27	69	408	367	52	31	36	13
evidence	証拠	15	1	27	333	90	5	0	2
model	モデル	6	1	443	38	10	11	11	119
structure	構造	2	3	267	42	23	11	23	53
sample	サンプル	0	0	6	1	0	0	0	11

（i. 解釈・結果）

名詞（主語）	動詞	確認される be confirmed	提示される be presented	存在する exist	議論される be discussed	比較される be compared	分析される be analyzed	集められる be collected	得られる be obtained
result	結果	190	87	5	520	539	85	6	846
data	データ	33	137	191	78	144	400	463	353
finding	知見	108	11	1	180	80	6	2	35
observation	観察	46	8	0	36	7	0	0	7
evidence	証拠	1	353	170	2	0	0	0	81
model	モデル	11	206	25	49	34	5	0	12
structure	構造	224	21	24	19	34	22	2	31
sample	サンプル	2	2	1	1	19	151	317	325

（i. 解釈・結果 / ii. 計画・遂行）

名詞（主語）	動詞	観察される be observed	見つけられる be found
result	結果	197	115
data	データ	5	9
finding	知見	51	13
observation	観察	3	4
evidence	証拠	11	134
model	モデル	3	23
structure	構造	62	59
sample	サンプル	6	15

（iii. 同定）

■使いこなしのポイント■

以下のようなパターンをマスターしよう．

we および分析研究の名詞との動詞の使い分けについては，第1部ポイント3（図1-3-1）を参照．

1. that 節を目的語とする表現

    data suggest that ～（データは～ということを示唆する）
    results demonstrate that ～（結果は～ということを実証する）
    results show that ～（結果は～ということを示す）
    results indicate that ～（結果は～ということを示す）
    data reveal that ～（データは～ということを明らかにする）
    results established that ～（結果は～ということを確立した）
    data imply that ～（データは～ということを意味する）

2. 同格の that 節を伴う名詞を目的語とする表現

    findings provide evidence that ～（知見は～である証拠を提供する）
    data support the hypothesis that ～（データは～という仮説を支持する）
    findings raise the possibility that ～（知見は～という可能性を示唆する）

3. 前置詞を後ろに伴う受動態表現

    samples were obtained from ～（サンプルが～から得られた）
    results were compared with ～（結果が～と比較された）
    data were collected on ～（～に関するデータが集められた）
    no evidence was found for ～（～に対する証拠が見つけられなかった）
    samples were analyzed for ～（サンプルが～に関して分析された）

4. 前置詞を後ろに伴う自動詞の表現

    data exist on ～（～に関するデータが存在する）
    evidence exists for ～（～に対する証拠が存在する）

5. be presented の表現

    evidence is presented that ～（～である証拠が示される）
    model is presented to *do* ～（～するモデルが示される）

6. その他の表現

    findings highlight the importance of ～（知見は～の重要性を強調する）

result （結果）【名詞／動詞】 148275

results　125661
result　　22614

resultは，「研究結果」を表す名詞のうち最もよく使われるものである．結果の解釈を示す文で用いられることが多く，that節を目的語とする動詞が非常によく用いられる．複数形の用例が非常に多い．

◆ result と共によく使われる動詞

●解釈・結果に関する動詞　用例数

suggest ~	~を示唆する	21367
indicate ~	~を示す❶	14034
demonstrate ~	~を実証する❷	8700
show ~	~を示す❸	6946
provide ~	~を提供する	3902
support ~	~を支持する	2751
be consistent with ~	~と一致している❹	2044
reveal ~	~を明らかにする	1528
identify ~	~を確認する	1025
establish ~	~を確立する❺	826
confirm ~	~を確認する❻	761
imply ~	~を意味する/~を示唆する	560
be discussed	議論される❼	520
implicate ~	~を示唆する	433
highlight ~	~を強調する	387
define ~	~を定義する❽	357
illustrate ~	~を例証する	263
argue ~	~を主張する	192
raise the possibility	可能性を示唆する	179
underscore ~	~を強調する	178
emphasize ~	~を強調する	170
be similar	類似している	167
represent ~	~を代表する	147
be interpreted	解釈される	128
extend ~	~を広げる	119
lead to ~	~につながる	116
document ~	~を述べる	100
offer ~	~を提供する	91
help ~	~に役立つ	94
explain ~	~を説明する	93
agree	一致する	95
be presented	提示される	87

●計画・遂行に関する動詞

be obtained	得られる	846
be compared	比較される❾	539
be confirmed	確認される	190
be analyzed	解析される	85

●同定に関する動詞

be observed	観察される❿	197
be found	見つけられる	115

●性質に関する動詞

be correlated with ~	~と相関する	83

◆文の組み立て例
「これらの結果は~ということを示す」
→ These results indicate that ~ .
　　　　S ＋ V

例文

❶ Our **results indicate that** the use of lamivudine prophylaxis is cost-effective. *(Hepatology. 2007 46:1049)*
（我々の結果は，~ということを示す）

❷ These **results demonstrate that** RSK2 is an important kinase for NFAT3 in mediating myotube differentiation. *(J Biol Chem. 2007 282:8380)*
（これらの結果は，~ということを実証する）

❸ Our **results show that** variants at 8q24 have different effects on cancer development that depend on the tissue type. *(Nat Genet. 2007 39:954)*
（我々の結果は，~ということを示す）

❹ Our **results are consistent with** the hypothesis that the larval leg morphology is produced by a transient arrest in the conserved adult leg patterning process in insects. *(Dev Biol. 2007 305:539)*
（我々の結果は，~という仮説と一致している）

❺ Our **results established that** this primordial apoB-containing particle is phospholipid-rich. *(J Biol Chem. 2007 282:28597)*
（我々の結果は，~ということを確立した）

❻ These results confirm that the R345W mutation in EFEMP1 is pathogenic. *(Hum Mol Genet. 2007 16:2411)*
（これらの結果は，〜ということを確認する）

❼ Results are discussed in terms of developmental parameters and putative brain sites of morphine's actions. *(Brain Res. 2007 1134:53)*
（結果は，〜の点に関して議論される）

❽ These results define a novel role for EPO in mediating tumor cell invasion. *(Oncogene. 2005 24:4442)*
（これらの結果は，腫瘍細胞浸潤を調節する際の EPO の新規の役割を定義する）

❾ Results were compared with those of a similar 1995 survey. *(Radiology. 2007 244:223)*
（結果が，〜と比較された）

❿ Similar results were observed in mice treated with the selective nNOS inhibitor 3-bromo-7-nitroindazole (3BrN). *(Behav Neurosci. 2007 121:362)*
（類似の結果が，〜で処理されたマウスにおいて観察された）

data （データ）【名詞】87959

data は，さまざまな研究から得られた生データのことを指す．そこには，通常，解釈された結果の意味は含まれない．用いられる動詞は result に非常に近いが，be collected と exist が用いられる点が異なる．data は複数形で，単数形は datum であるがほとんど使われることはない．

◆ data と共によく使われる動詞

●解釈・結果に関する表現

		用例数
suggest 〜	〜を示唆する ❶	13770
indicate 〜	〜を示す ❷	7124
demonstrate 〜	〜を実証する	4105
show 〜	〜を示す	3241
support 〜	〜を支持する ❸	2470
provide 〜	〜を提供する	2440
be consistent with 〜	〜と一致している	1248
reveal 〜	〜を明らかにする ❹	1004
identify 〜	〜を確認する	415
establish 〜	〜を確立する	355
confirm 〜	〜を確認する	322
imply 〜	〜を意味する/〜を示唆する ❺	311
implicate 〜	〜を示唆する	306
exist	存在する ❻	191
define 〜	〜を定義する	173
argue 〜	〜を主張する ❼	163
highlight 〜	〜を強調する	140
be presented	提示される	137
represent 〜	〜を表す	118
illustrate 〜	〜を例証する	107
allow 〜	〜を可能にする	107
raise the possibility	可能性を示唆する	91
document 〜	〜を述べる	78
be discussed	議論される	78
underscore 〜	〜を強調する	72
describe 〜	〜を述べる	66
emphasize 〜	〜を強調する	56
yield 〜	〜を生じる	52

●計画・遂行に関する表現

be available	利用できる ❽	535
be collected	集められる ❾	463
be analyzed	分析される ❿	400
be obtained	得られる	353
be used	使われる	245
be compared	比較される	144
be acquired	獲得される	63
be recorded	記録される	46

●性質に関する動詞

be derived	得られる	47
be needed	必要とされる	45
be limited	限られている	44

例文

❶ These **data suggest that** regulation of Ctp1 underlies cell-cycle control of HR. *(Mol Cell. 2007 28:134)*
（これらのデータは，〜ということを示唆する）

❷ These **data indicate that** Bfl-1 utilizes different mechanisms to suppress apoptosis depending on the stimulus. *(Oncogene. 2008 27:1421)*
（これらのデータは〜ということを示す）

❸ Our **data support the hypothesis** that macrophage LRP modulates atherogenesis through regulation of inflammatory responses. *(Circ Res. 2007 100:670)*
（我々のデータは，〜という仮説を支持する）

❹ Our **data reveal that** nuclear FAST can regulate the splicing of FGFR2 transcripts. *(Proc Natl Acad Sci USA. 2007 104:11370)*
（我々のデータは，〜ということを明らかにする）

❺ These **data imply that** HHV-8 is not a major prevalent cause of prostate cancer. *(J Infect Dis. 2007 196:208)*
（これらのデータは，〜ということを意味する）

❻ **Few data exist on** the association between knee pain and fracture. *(Arthritis Rheum. 2006 55:610)*
（膝の疼痛と骨折の間の関連に関するデータはほとんど存在しない）

❼ These **data argue that** DHA induction of LR11 does not require DHA-depleting diets and is not age dependent. *(J Neurosci. 2007 27:14299)*
（これらのデータは，〜ということを主張する）

❽ Only limited **data are available on** the etiopathogenesis, molecular abnormalities, and prognosis of LCINS. *(J Clin Oncol. 2007 25:561)*
（LCINS の疾病原因，分子異常，予後に関して，限られたデータしか利用できない）

❾ **Data were collected on** 353 previously untreated metastatic RCC patients enrolled onto clinical trials between 1987 and 2002. *(J Clin Oncol. 2005 23:832)*
（〜に関するデータが集められた）

❿ **Data were analyzed using** multiple regression methods. *(Am J Epidemiol. 2004 159:140)*
（データは，重回帰法を使って分析された）

---

finding （知見）【名詞】 43705

findings　36236
finding　　7469

finding は，重要な研究データから得られたある種の結論あるいは解釈である．複数形の用例が多い．

◆ finding と共によく使われる動詞

●解釈・結果に関する動詞　　　　　　　　　　用例数

suggest 〜	〜を示唆する ❶	7538
indicate 〜	〜を示す	3565
demonstrate 〜	〜を実証する	2174
provide 〜	〜を提供する ❷	1671
support 〜	〜を支持する	1438
show 〜	〜を示す	758
reveal 〜	〜を明らかにする	697
be consistent with 〜	〜と一致している	687
identify 〜	〜を確認する ❸	431
establish 〜	〜を確立する	387
implicate 〜	〜を示唆する ❹	276

imply ~	~を意味する/~を示唆する	245
highlight ~	~を強調する ❺	231
confirm ~	~を確認する	193
be discussed	議論される	180
underscore ~	~を強調する	178
define ~	~を定義する	161
raise the possibility	可能性を示唆する ❻	156
represent ~	~を代表する	117
be confirmed	確認される ❼	108
include ~	~を含む	106
illustrate ~	~を例証する	92

●計画・遂行に関する動詞
be compared	比較される	80

●性質に関する動詞
be correlated with ~	~と相関する	78

◆文の組み立て例
「これらの知見は~ということを実証する」
→ These findings demonstrate that ~.
　　　 S　　　　 V

例文

❶ **These findings suggest that** COX-1 plays a previously unrecognized role in neuroinflammatory damage. *(FASEB J. 2008 22:1491)*
（これらの知見は，~ということを示唆する）

❷ These **findings provide evidence** that hypoxia may amplify the injurious effects of anti-SSA/Ro antibodies. *(Arthritis Rheum. 2007 56:4120)*
（これらの知見は，~という証拠を提供する）

❸ These **findings identify** a novel mechanism by which Akt promotes cell survival. *(J Biol Chem. 2007 282:21987)*
（これらの知見は，Aktが細胞生存を促進する新規の機構を確認する）

❹ These **findings implicate** a role for IL-12 and IL-18 in modulating respiratory syncytial virus-induced airway inflammation distinct from that of viral clearance. *(J Immunol. 2004 173:4040)*
（これらの知見は，~を調節する際のIL-12とIL-18の役割を示唆する）

❺ These **findings highlight the importance of** smoking cessation in asthma. *(Am J Respir Crit Care Med. 2006 174:127)*
（これらの知見は，~の重要性を強調する）

❻ These **findings raise the possibility** that localization and translational regulation of mRNAs at the ER plays a role in controlling the organization of this organelle. *(J Cell Biol. 2006 173:159)*
（これらの知見は，~という可能性を示唆する）

❼ This **finding was confirmed by** real-time quantitative PCR, which also demonstrated an age-dependent increase in intestinal expression of IFN-γ. *(J Immunol. 2005 175:1127)*
（この知見は，リアルタイム定量PCRによって確認された）

observation （観察）【名詞】 16898

observations	11190
observation	5708

observation は，観察によって得られた研究データを意味する．通常，数値データは含まれない．複数形の用例が多い．

◆ observation と共によく使われる動詞

●解釈・結果に関する動詞　　　　　　　　　　　　　　　用例数

suggest 〜	〜を示唆する	2180
indicate 〜	〜を示す	837
provide 〜	〜を提供する ❶	408
support 〜	〜を支持する ❷	367
demonstrate 〜	〜を実証する ❸	333
be consistent with 〜	〜と一致している	319
show 〜	〜を示す	186
reveal 〜	〜を明らかにする	144
imply 〜	〜を意味する／〜を示唆する	102
raise the possibility	可能性を示唆する	69
identify 〜	〜を確認する	69
establish 〜	〜を確立する	64
confirm 〜	〜を確認する	58
implicate 〜	〜を示唆する	52
be confirmed	確認される	46
lead to 〜	〜につながる	44

●計画・遂行に関する動詞

be made	なされる	85

◆文の組み立て例
「これらの観察は〜ということを示唆する」
→ These observations suggest that 〜.
　　　　　S　　　　＋　　V

例文

❶ These **observations provide evidence for** a model that is different from the prevailing extracellular location of the amino terminus of human MRP1. *(Biochemistry. 2002 41:9052)*
（これらの観察は，〜に対する証拠を提供する）

❷ These **observations support the hypothesis that** NCX current is essential for normal pacemaker activity under the conditions of our experiments. *(J Physiol. 2006 571:639)*
（これらの観察は，〜という仮説を支持する）

❸ These **observations demonstrate that** Bnip3 mediates the inhibition of the mTOR pathway in response to hypoxia. *(J Biol Chem. 2007 282:35803)*
（これらの観察は，〜ということを実証する）

evidence 【名詞】 (証拠) 42116

evidence	42085
evidences	31

evidence は，重要な意味をもつ研究結果である．ただし，結果そのものではないので，「解釈」の意味の動詞が続く用例数はやや少ない．evidende for, evidence that の用例が多い．

◆ evidence と共によく使われる動詞

●解釈・結果に関する動詞　　　　　　　　　用例数
suggest 〜	〜を示唆する ❶	2185
indicate 〜	〜を示す	934
be presented	提示される ❷	353
support 〜	〜を支持する	333
exist	存在する ❸	170
show 〜	〜を示す	161
be provided	提供される	146
implicate 〜	〜を示唆する	90
point to 〜	〜を指摘する	88

●同定に関する動詞
be found	見つけられる ❹	134

◆文の組み立て例
「証拠は〜ということを示す」
→ Evidence indicates that 〜．
　　S ＋ V

◆冠詞
複数形の用例はほとんどなく，無冠詞の用例が多い．

例文

❶ Recent **evidence suggests that** there is etiologic heterogeneity among the various subtypes of lymphoid neoplasms. *(Blood. 2007 110:695)*
（最近の証拠は〜ということを示唆する）

❷ **Evidence is presented that** this expanded signaling is due to altered expression of the sog gene. *(Development. 2007 134:2415)*
（〜という証拠が提示される）

❸ While biochemical **evidence exists for** direct Spt8-TBP interactions, similar evidence for Spt3-TBP interactions has been lacking. *(Genetics. 2007 177:2007)*
（直接の Spt8-TBP 相互作用に対する生化学的証拠は存在するけれども）

❹ No **evidence was found for** the hypothesis that emotional support moderated the impact of VLA disability on depressive symptoms. *(Arthritis Rheum. 2004 51:586)*
（〜という仮説を支持する証拠は見つけられなかった）

model 【名詞／動詞】 (モデル) 85403

model	63499
models	21904

model は一種の研究結果であり，また，仮説でもある．そのため「第 2 部-4 章」にも分類される（131 ページ参照）．

◆ model と共によく使われる動詞

●解釈・結果に関する動詞　　　　　　　　　用例数
suggest 〜	〜を示唆する	447
provide 〜	〜を提供する ❶	443
show 〜	〜を示す ❷	338
be proposed	提案される	332
be presented	提示される ❸	206
propose 〜	〜を提案する	197
indicate 〜	〜を示す	186

demonstrate 〜	〜を実証する	167
reveal 〜	〜を明らかにする	157
allow 〜	〜を可能にする	119
be consistent with 〜	〜と一致している	90
be applied	適用される	49
be discussed	議論される	49

●計画・遂行に関する動詞

be used	使われる	769
predict 〜	〜を予測する	504
be developed	開発される	289
be constructed	構築される	106
be generated	作製される	48

●性質に関する動詞

be based on 〜	〜に基づいている	82

◆文の組み立て例

「このモデルは〜するための手段を提供する」

→ This model provides a means to 〜.
   S + V

例文

❶ The scanning **model provides a framework** for understanding these effects. *(Gene. 2005 361:13)*
(その走査モデルは、これらの効果を理解するための枠組みを提供する)

❷ This **model shows that** aldolase C is a zinc-activated ribonuclease that cleaves the transcript at sites closed to the end-terminal structures. *(Brain Res. 2007 1139:15)*
(このモデルは、〜ということを示す)

❸ A theoretical **model is presented to** explain the experimental results. *(Anal Chem. 1999 71:4614)*
(それらの実験結果を説明するための理論モデルが提示される)

structure 〈構造〉【名詞】 78754

structure	54420
structures	24334

タンパク質などの structure が研究によって決定され、決められた構造がさまざまなことを明らかにする。したがって、structure はしばしば研究結果を意味する。crystal structure などの場合が多い。

◆ structure と共によく使われる動詞

		用例数
reveal 〜	〜を明らかにする ❶	754
show 〜	〜を示す ❷	460
suggest 〜	〜を示唆する	285
provide 〜	〜を提供する ❸	267
indicate 〜	〜を示す	132
be similar	類似している	91
demonstrate 〜	〜を実証する	62
appear 〜	〜のようである	62
be known	知られている ❹	60
represent 〜	〜を表す	53
allow 〜	〜を可能にする	53
explain 〜	〜を説明する	48
be consistent with 〜	〜と一致している	44
confirm 〜	〜を確認する	39

● 性質に関する動詞
contain ~	~を含む	104
differ	異なる	54
be formed	形成される	45
form ~	~を形成する	42
be required	必要とされる	41

● 計画・遂行に関する動詞
be determined	決定される ❺	115
be solved	解決される ❻	74
be used	使われる	53

● 同定に関する動詞
be observed	観察される ❼	62
be found	見つけられる	59

例文

❶ The **structure reveals that** the domain has nine instead of the expected ten arm repeats. *(J Mol Biol. 2005 346:367)*
（その構造は，~ということを明らかにする）

❷ In one case, the crystal **structure showed that** a dicationic moiety had three distinct conformations in an asymmetric unit cell. *(J Am Chem Soc. 2005 127:593)*
（結晶構造は，~ということ示した）

❸ Hence, the **structures provide insight** into the mechanism of drug resistance arising from this mutation. *(Biochemistry. 2005 44:9330)*
（その構造は，薬物耐性の機構への洞察を提供する）

❹ This method can be applied to any protein **for which the structure is known** and hence can be used to predict the folding rates of many proteins prior to experiment. *(Biochemistry. 1996 35:13552)*
（この方法は，それに対する構造が知られているどのタンパク質にも適用できる）

❺ To investigate how TEM-76 remains active, its **structure was determined by** X-ray crystallography to 1.40 A resolution. *(Biochemistry. 2005 44:9330)*
（それの構造が，X線結晶学によって決定された）

❻ The **structure was solved** by molecular replacement and refined at 2.0 A resolution. *(J Mol Biol. 2002 316:1)*
（その構造は，分子置換によって解かれた）

❼ A helix-like **structure was observed** for residues 131-136, which is part of the heparin binding site (residues 128-138). *(Biochemistry. 1996 35:13552)*
（ヘリックス様構造が観察された）

sample （サンプル）【名詞／動詞】 25181

samples 16097
sample 9084

sample は研究や検査のために得られたものなので，一種の実験結果である．しかし，研究のデータではないので，「解釈・結果」の分類の動詞（suggest, show など）は用いられない．複数形の用例が多い．

◆ sample と共によく使われる動詞

●計画・遂行に関する動詞　　　　　　　　　　　　用例数
be obtained	得られる ❶	325
be collected	集められる ❷	317
be analyzed	分析される ❸	151
be taken	得られる	111
be tested	テストされる	84
be drawn	引き出される	64

●性質に関する動詞
contain ～	～を含む	86
include ～	～を含む	82
consist of ～	～からなる	57

例 文

❶ Blood **samples were obtained from** patients with SLE, their first-degree relatives, patients with rheumatoid arthritis (RA), and healthy control subjects. *(Arthritis Rheum. 2007 56:303)*
（血液サンプルが，〜の患者から得られた）

❷ Stool **samples were collected from** infants nursed in two neonatal intensive care units (NICUs) in East London, United Kingdom. *(J Clin Microbiol. 2008 46:560)*
（便サンプルが，〜から集められた）

❸ DNA **samples were analyzed for** loss of heterozygosity, homozygous deletion, intragenic mutations, and promoter methylation. *(J Invest Dermatol. 2002 118:493)*
（DNA サンプルが，ヘテロ接合性の消失に関して分析された）

第2部　主語別にみる 主語-動詞の組み合わせ＋例文 500

4章
「方法」を主語にする文をつくる

　「方法」の名詞は，研究の遂行と密接に関係するものである．研究結果を導くという意味では，「著者・論文」や「分析研究」の名詞と用法が似ている．しかし，計画・遂行の動詞の用い方はかなり異なっている．

※名詞の分類については第 1 部 23 ページ参照

◆ 主語になる「方法」の名詞とその使い分け

① method（方法），approach（方法／アプローチ），strategy（戦略／ストラテジー），methodology（方法論）	「方法」という意味の名詞の中で最もよく使われるのが method である．特別な意図を含まないので使われる範囲が非常に広い．approach, strategy, methodology は研究を行う手法を意味する名詞として用いられる．このうち approach と strategy は，それによって研究を成功させようとする意図を感じさせる言葉である．
② procedure（手順），protocol（プロトコール／手順書）	procedure は，方法そのものよりむしろ方法を行う行為を意味することが多い．protocol は研究に用いられる「手順」を意味する．
③ technique（技術），technology（科学技術）	technique は方法に用いられる技術を意味し，technology は方法よりも技術そのものに言及するときに用いられる．
④ system（システム／系）	system は実験系を含む様々なシステムに対して使われる．
⑤ model（モデル），hypothesis（仮説），conclusion（結論）	model は，一種の hypothesis である．conclusion の用法は，hypothesis や model に近い．

◆「方法」の分類の名詞と組み合わせてよく用いられる動詞

i. 計画・遂行（使われる，適用される，開発されるなど）	be used / be employed / be performed / be applied / be developed / be tested
ii. 解釈・結果（〜という結果になる，提供するなど）	be described / result in / allow / provide / offer
iii. 性質（利用する，必要とする，〜に基づくなど）	use / be based on / require / involve / be supported

◆名詞-動詞の組み合わせの頻度

名詞(主語)		i. 計画・遂行						ii. 解釈・結果	
	動詞	使われる be used	用いられる be employed	行われる be performed	適用される be applied	開発される be developed	テストされる be tested	述べられる be described	の結果になる result in
method	方法	689	53	13	251	270	54	139	40
approach	方法	377	45	11	69	53	19	33	57
strategy	ストラテジー	122	34	1	26	45	5	17	40
methodology	方法論	29	4	3	24	23	0	7	3
procedure	手順	124	12	145	30	54	2	33	34
protocol	プロトコール	73	7	11	8	38	3	12	18
technique	技法	588	48	10	52	62	8	33	20
technology	科学技術	35	5	0	2	7	1	4	7
system	システム	327	27	0	11	139	26	55	6
model	モデル	769	28	9	49	289	44	25	47
hypothesis	仮説	1	0	0	0	7	166	0	0
conclusion	結論	0	0	0	0	0	0	1	0

名詞(主語)		ii. 解釈・結果			iii. 性質				
	動詞	可能にする allow	提供する provide	提供する offer	利用する use	に基づいている be based on	必要とする require	含む involve	支持される be supported
method	方法	227	252	71	168	228	91	108	0
approach	方法	184	222	60	64	91	36	50	1
strategy	ストラテジー	40	54	17	14	29	19	45	2
methodology	方法論	25	35	5	2	8	1	5	0
procedure	手順	52	30	12	11	19	21	37	2
protocol	プロトコール	24	29	6	11	8	18	17	0
technique	技法	100	126	33	27	39	25	24	0
technology	科学技術	37	44	28	5	2	5	7	0
system	システム	158	225	61	91	46	117	37	7
model	モデル	119	443	38	39	93	49	29	31
hypothesis	仮説	2	9	4	0	17	13	2	104
conclusion	結論	0	2	0	0	82	3	0	102

■使いこなしのポイント■

以下のようなパターンをマスターしよう.

1. to 不定詞を後ろに伴う受動態表現

    methods were used to *do* ~(方法が~するために使われた)
    method was applied to *do* ~(方法が~するために適用された)
    system was developed to *do* ~(システムが~するために開発された)

2. 前置詞を後ろに伴う受動態表現

    method was applied to ~(方法が~に適用された)
    method was developed for ~(方法が~のために開発された)
    method is described for ~(~のための方法が述べられる)
    a model is presented for ~(~に対するモデルが提示される)
    method is based on ~(方法は~に基づいている)
    a model is proposed in which ~(~であるモデルが提案される)

method (方法)【名詞】 41004

method	24239
methods	16765

method は，「方法」という意味の名詞の中で最もよく使われるものである．特別な意図を含まないので使われる範囲が非常に広い．124 ページの表に挙げたほとんどの動詞に対してまんべんなく使われるが，be performed と組み合わされることはあまりない．

◆ method と共によく使われる動詞

●計画・遂行に関する動詞　　　　　　　　　　　　　　　用例数

be used	使われる ❶	689
be developed	開発される ❷❸	270
be applied	適用される ❹	251

●解釈・結果に関する動詞

provide ~	~を提供する ❺	252
allow ~	~を可能にする ❻	227
be described	述べられる ❼	139
show ~	~を示す	130
be presented	提示される ❽	80

●性質に関する動詞

be based on ~	~に基づいている ❾	228
use ~	~を利用する	168
involve ~	~を含む	108
require ~	~を必要とする ❿	91

◆文の組み立て例

「新しい<u>方法が</u>，~を検出するために<u>開発された</u>」
→ A novel <u>method</u> <u>was developed</u> to detect ~.
　　　　　　S　　　　　V

◆冠詞／代名詞

・以下の組合せパターンでは，method に不定冠詞（a, an）が用いられることが圧倒的に多い．

　　method was developed (❷), method is described for (❼), method is presented for (❽)

・以下の組合せパターンでは，method に定冠詞（the）もしくは this や our が用いられることが多い．

　　method provides (❺), method allows (❻), method is based on (❾), method uses, method involves, method requires (❿), method utilizes, method offers

例文

❶ Bioinformatics **methods were used to** identify a mesoderm-specific enhancer located approximately 5 kb 5' of the miR-1 transcription unit. *(Proc Natl Acad Sci USA. 2005 102:15907)*
（生物情報学の方法が，~を同定するために使われた）

❷ A **method was developed to** examine DNA repair within the intact cell. *(Science. 1998 280:590)*
（DNA 修復を調べるために，ある方法が開発された）

❸ Radioligand binding assays were conducted, and an analytical **method was developed for** determining the apparent binding constants and numbers of specific and shared binding sites within HS. *(Biochemistry. 2005 44:12203)*
（見かけの結合定数を決定するための分析法が開発された）

❹ Finally, the **method is applied to** experimental data from single-molecule PCR experiments. *(J Theor Biol. 2003 224:127)*
（その方法は~からの実験データに適用される）

❺ This **method provides** an accurate and rapid assay to assess oxidative status *in vivo*. *(Anal Biochem. 2006 348:185)*
（この方法は，正確で迅速なアッセイを提供する）

❻ This mathematical **method allows** computation of all possible topological pathways consistent with the experimental data. *(J Mol Biol. 2005 346:493)*
（この数学的な方法は，~の算出を可能にする）

❼ A mass spectrometric **method is described for** the identification and counting of hydroxyl groups in an analyte. *(Anal Chem. 2005 77:1385)*
（~の同定と計数のための質量分析の方法が述べられる）

❽ A new method is presented for inferring evolutionary trees using nucleotide sequence data. *(J Mol Evol. 1996 43:304)*
(進化系統樹を推測するための新しい方法が提示される)

❾ This method is based on a four-color fluorescent terminator chemistry. *(Gene. 1996 179:195)*
(この方法は，4色蛍光ターミネーターケミストリーに基づいている)

❿ The method requires minimal sample, and it can be performed using a conventional quadrupole ion trap mass spectrometer. *(Anal Chem. 2005 77:5886)*
(その方法は，最小の試料を必要とする)

approach （方法／アプローチ）【名詞／動詞】 27277

approach	19442
approaches	7835

approach は，method ほど具体的な方法を示さず，strategy にやや近い意味で研究を行う手法を示すために用いられる．procedure などよりも研究を成功させようとする意図を感じさせる単語である．頻度は低いが動詞として使われることもある．
method と同様に 124 ページの表に挙げたほとんどの動詞に対してまんべんなく使われる．be performed と組み合わされることはあまりない．

◆ approach と共によく使われる動詞

		用例数
●計画・遂行に関する動詞		
be used	使われる ❶	377
be applied	適用される ❷	69
be developed	開発される	53
be employed	用いられる ❸	45
●解釈・結果に関する動詞		
provide ～	～を提供する ❹	222
allow ～	～を可能にする ❺	184
offer ～	～を提供する	60
result in ～	～という結果になる	57
●性質に関する動詞		
use ～	～を利用する ❻	64
involve ～	～を含む	50
be based on ～	～に基づいている ❼	36

◆冠詞／代名詞
・以下の組合せパターンでは，approach に定冠詞 (the) もしくは this や our が用いられることが非常に多い．
approach provides（❹），approach allows（❺），approach uses（❻），approach is based on（❼）

例文

❶ Three approaches were used to determine the mechanism by which TNF regulates MCP-1. *(J Immunol. 1999 162:727)*
(3つの方法が，TNF が MCP-1 を調節する機構を決定するために使われた)

❷ Our approach is applied to a microarray gene expression dataset for prostate cancer study. *(Bioinformatics. 2004 20:3146)*
(われわれの方法は，マイクロアレイ遺伝子発現データセットに適用される)

❸ A genetic approach was employed to inactivate the gene encoding one p38 isoform, p38 α. *(J Exp Med. 2000 191:859)*
(遺伝学的な方法が，～を不活性化するために用いられた)

❹ This approach provides a means to carry out cell-based screening of toxin inhibitors and to study toxin activity *in situ*. *(Proc Natl Acad Sci USA. 2004 101:14701)*
(この方法は，～を行う手段を提供する)

❺ This **approach allows** us to evaluate existing models of the mechanism of β-hairpin formation. *(Biochemistry. 2004 43:11560)*
(この方法は，我々が現存するモデルを評価するのを可能にする)

❻ The **approach uses** UV cross-linking to couple proteins covalently to DNA and the resulting complexes are then purified under stringent conditions. *(Nucleic Acids Res. 1998 26:919)*
(その方法は，UV クロスリンキングを利用する)

❼ The **approach is based on** photochemical cross-linking of DNA to immobilized psoralen derivatives. *(Biophys J. 1999 77:568)*
(その方法は，DNA の光化学的なクロスリンキングに基づいている)

strategy （戦略／ストラテジー）【名詞】17253

strategy	9147
strategies	8106

strategy は「戦略」という意味だが，科学論文では研究を行う手法を示すために用いられ，approach に近い意味になる．

◆ strategy と共によく使われる動詞

		用例数
●計画・遂行に関する動詞		
be used	使われる ❶	122
be developed	開発される	45
●解釈・結果に関する動詞		
provide 〜	〜を提供する	54
●性質に関する動詞		
be needed	必要とされる ❷	68
involve 〜	〜を含む ❸	45

◆文の組み立て例
「新しい治療ストラテジーが，〜の治療のために必要とされる」
→ New therapeutic <u>strategies</u> <u>are needed</u> for the treatment of 〜．　**S** ＋ **V**

例文

❶ A retroviral transduction **strategy was used to** overexpress AR in the HaCaT keratinocyte-like cell line. *(Am J Pathol. 2003 163:2451)*
(レトロウイルス形質導入のストラテジーが，〜を過剰発現するために使われた)

❷ Clearly, new **strategies are needed to** prevent this life-threatening infection. *(Infect Immun. 2005 73:999)*
(新しいストラテジーがこの生命を危うくする感染を防ぐために必要とされる)

❸ A third **strategy involves** the construction of chimeric recombinant vectors, in which a capsid protein from one virus is exchanged for that of another. *(Oncogene. 2005 24:7775)*
(3 番目のストラテジーは，〜の構築を含む)

methodology （方法論）【名詞】2592

methodology	2087
methodologies	505

methodology は研究を行う手法を示すために用いられる．method に比べると抽象的な表現で，用例数もずっと少ない．

◆ methodology と共によく使われる動詞

		用例数
●解釈・結果に関する動詞		
provide 〜	〜を提供する	35
●計画・遂行に関する動詞		
be used	使われる	29
be applied	適用される ❶	24

例文

❶ The developed **methodology was applied** successfully to microscale analysis of biological tissues. *(Anal Biochem. 1998 256:74)*
（開発された方法論が，～のマイクロスケールの分析にうまく適用された）

procedure （手順／処置）【名詞】 10538

procedure	6125
procedures	4413

procedure は，方法そのものよりも，方法を実行する行為（手順）を意味する場合が多い．組み合わされる動詞としては，be performed が用いられることが非常に多く，analysis や experiment とやや近い意味をもつ．

◆ procedure と共によく使われる動詞

●計画・遂行に関する動詞

		用例数
be performed	行われる ❶	145
be used	使われる ❷	124
be developed	開発される ❸	54

●解釈・結果に関する動詞

allow ～	～を可能にする	52

例文

❶ Both **procedures were performed in** 4 cases (4.2%). *(Transplantation. 2004 77:1842)*
（両方の手順が，4症例において行われた）

❷ Logistic regression **procedures were used to** identify clinical predictors of parasitaemia. *(Lancet. 1996 347:223)*
（ロジスティック回帰分析の手順が，～を同定するために使われた）

❸ A **procedure was developed** that allows precise determination of Fe isotopic composition. *(Anal Chem. 2004 76:5855)*
（～の正確な決定を可能にする手順が開発された）

protocol （プロトコール／手順書）【名詞】 6600

protocol	4661
protocols	1939

protocol とは，実際に行う手順を文章にしたものを指すが，手順そのものにも用いられる．

◆ protocol と共によく使われる動詞

●計画・遂行に関する動詞

		用例数
be used	使われる	73
be developed	開発される ❶	38

例文

❶ A **protocol was developed for** the collection, processing, and examination of NCs to detect and measure biofilms on these devices. *(J Clin Microbiol. 2001 39:750)*
（プロトコールが，～のために開発された）

technique

(技法／テクニック)　【名詞】　18162

techniques　9489
technique　8673

technique とは，方法に含まれる技術（技法）のことを意味する場合が多い．be used と組み合わされる用例が圧倒的に多い．technique(s) to *do* の用例がかなり多いという特徴もある．また，複数形の用例が多い．

◆ technique と共によく使われる動詞

●計画・遂行に関する動詞　　　　　　　　　　　　用例数
be used　　　　　　使われる ❶　　　　　　　　588
be developed　　　開発される　　　　　　　　　62
be applied　　　　 適用される ❷　　　　　　　　52
be employed　　　 用いられる ❸　　　　　　　　48

●解釈・結果に関する動詞
provide 〜　　　　　〜を提供する ❹　　　　　　126
allow 〜　　　　　　〜を可能にする　　　　　　100

◆文の組み立て例
「パッチクランプ法が，〜を研究するために使われた」
→ The patch-clamp technique was used to study 〜．　　S ＋ V

例文

❶ Immunocytochemical **techniques were used to** quantify changes in GAG expression within normal and rejection renal biopsy sections. *(Transplantation. 2005 79:672)*
（免疫細胞化学的技術が，〜を定量するために使われた）

❷ Both *in vivo* and *in vitro* protein-protein interaction **techniques were applied to** characterize interactions between individual COG subunits. *(J Biol Chem. 2005 280:27613)*
（生体内および試験管内の両方のタンパク質 - タンパク質相互作用の技術が，〜の間の相互作用を特徴づけるために適用された）

❸ Radioligand binding **techniques were employed to** characterize the site(s) of opioid action in the amphibian, Rana pipiens. *(Brain Res. 2000 884:184)*
（放射性リガンド結合技術が，〜を特徴づけるために用いられた）

❹ This MRI **technique provides** a noninvasive tool to study the pathogenesis and natural history of carotid atherosclerosis. *(Circulation. 2001 104:2051)*
（この MRI 技術は，〜を研究するための非侵襲性の手段を提供する）

technology

(科学技術／テクノロジー)　【名詞】　5321

technology　3810
technologies　1511

technology は，方法の中でも技術的要素の強いものに対して用いられる．主語として使われる頻度は低い．

◆ technology と共によく使われる動詞

●解釈・結果に関する動詞　　　　　　　　　　　　用例数
provide 〜　　　　　〜を提供する ❶　　　　　　44
allow 〜　　　　　　〜を可能にする　　　　　　　37

●計画・遂行に関する動詞
be used　　　　　　が使われる　　　　　　　　　35

例文

❶ Proteomic and genomic **technologies provide** powerful tools for characterizing the multitude of events that occur in the anucleate platelet. *(J Clin Invest. 2005 115:3370)*
（プロテオミクスおよびゲノムの科学技術が，〜を特徴づけるための強力なツールを提供する）

system 【名詞】 （システム） 66474
system 49810
systems 16664

systemは，様々なシステムに対して用いられるが，実験系を意味する場合も非常に多い．

◆ system と共によく使われる動詞

		用例数
●計画・遂行に関する動詞		
be used	使われる ❶	327
be developed	開発される ❷	139
●解釈・結果に関する動詞		
provide 〜	〜を提供する ❸	225
allow 〜	〜を可能にする	158
●性質に関する動詞		
require 〜	〜を必要とする	117
consist of 〜	〜から成る ❹	104
use 〜	〜を利用する ❺	91

◆文の組み立て例
「このシステムは，〜のための強力なツールを提供する」
→ This <u>system</u> <u>provides</u> a powerful tool for 〜.
   　S　 ＋　V

◆冠詞／代名詞
・以下の組合せパターンでは，system に不定冠詞（a, an）が用いられることが圧倒的に多い．
　　system was developed （❷）
・以下の組合せパターンでは，system に定冠詞（the）もしくは this や our が用いられることが非常に多い．
　　system provides （❸），system offers,
　　system uses （❺），system is based on

例文

❶ A transient transfection **system was used to** examine cellular responses to the amino-terminal 234 amino acids of ExoS (DeltaC234). *(Mol Microbiol. 1999 32:393)*
（一過性導入システムが，〜への細胞応答を調べるために使われた）

❷ An *in vitro* **system was developed to** study the mechanism of U insertion into pre-mRNA. *(Science. 1996 273:1189)*
（試験管内システムが，〜の機構を研究するために開発された）

❸ This **system provides** a novel method for genetic analysis of factors that function in basic processes in vertebrate cells. *(Genes Dev. 1996 10:2588)*
（このシステムは，〜の遺伝的解析のための新規の方法を提供する）

❹ This **system consists of** ArcB as the membrane-associated sensor kinase and ArcA as the cytoplasmic response regulator. *(J Biol Chem. 1999 274:35950)*
（このシステムは，膜結合センサーキナーゼとしての ArcB と細胞質応答レギュレーターとしての ArcA から成る）

❺ This **system uses** Flp-mediated efficient recombination and tetracycline-inducible expression. *(J Virol. 2003 77:4205)*
（このシステムは，Flp に仲介される効率的な組み換えとテトラサイクリン誘導性発現を利用する）

model 　(モデル)　【名詞／動詞】　85403

model	63499
models	21904

model は一種の仮説であり，また結果でもある．そのため「研究結果」にも分類される（119ページ参照）．

◆ model と共によく使われる動詞

●計画・遂行に関する動詞		用例数
be used	使われる ❶	769
predict 〜	〜を予測する ❷	504
be proposed	提案される ❸	332
be developed	開発される ❹	289
be presented	提示される ❺	206
be constructed	構築される	106
be discussed	議論される	49
be applied	適用される	49
be generated	作製される	48

例文

❶ Cox proportional hazards **models were used to** estimate incidence rate ratios, controlling for breast cancer risk factors. *(Am J Epidemiol. 2007 166:46)*
（コックス比例ハザードモデルが，〜を推定するために使われた）

❷ This **model predicts that** active E2F-dependent transcription is required for T-antigen-induced transformation. *(J Virol. 2007 81:13191)*
（このモデルは〜ということを予測する）

❸ **A model is proposed in which** RhuR is the functional bridge between BhuR and RhuI in a heme-dependent regulatory cascade. *(Infect Immun. 2004 72:896)*
（〜であるモデルが提案される）

❹ A mathematical **model was developed to** predict serotype distributions of Salmonella isolates among humans on the basis of animal data. *(J Infect Dis. 2001 183:1295)*
（〜を予測するために数理モデルが開発された）

❺ A **model is presented for** the interaction of subunit a with subunit c, and its implications for the mechanism of proton translocation are discussed. *(J Biol Chem. 2003 278:12319)*
（〜の相互作用に対するモデルが提示される）

hypothesis 　(仮説)　【名詞】　18356

hypothesis	16763
hypotheses	1593

hypothesis も方法の一つである．

◆ hypothesis と共によく使われる動詞

●計画・遂行に関する動詞		用例数
be tested	テストされる ❶	166
predict 〜	〜を予測する	43

●解釈・結果に関する動詞		用例数
be supported	支持される ❷	104
propose 〜	〜を提案する	57
suggest 〜	〜を示唆する	38

◆冠詞／代名詞
the hypothesis もしくは this hypothesis の用例が非常に多い．

例文

❶ This **hypothesis was tested in** a rodent aortic transplantation model. *(Transplantation. 2004 77:1494)*
（この仮説は，げっ歯類大動脈移植モデルにおいてテストされた）

❷ The **hypothesis is supported by** results from this study, which progressively removed atoms from the Tyr(131) side chain. *(J Biol Chem. 2006 281:31668)*
（その仮説は，この研究の結果によって支持されている）

conclusion 【結論】【名詞】 6305

conclusion	5049
conclusions	1256

conclusion は，必ずしも最終判断とは限らない．「以前の結論が今回の実験によって確認される」ということがしばしばあり，conclusion は一種の hypothesis であり，また，model のようなものでもある．そのため，ここでは「方法」に分類した．また，in conclusion の用例も約半数ある．

◆ conclusion と共によく使われる動詞

		用例数
●解釈・結果に関する動詞		
be supported	支持される ❶	102
●性質に関する動詞		
be based on 〜	〜に基づいている ❷	82
●計画・遂行に関する動詞		
be reached	到達される	23

例文

❶ This **conclusion was supported by** experiments that showed that enhancing cSMAC formation reduced stimulatory capacity of the weak peptide. *(Immunity. 2007 26:345)*
（この結論は，〜ということを示した実験によって支持された）

❷ This **conclusion was based on** the following observations. *(J Neurosci. 2003 23:1228)*
（この結論は，次の観察に基づいていた）

Column

be used と be employed の使い方

「使う」という意味の動詞の代表例としては，use と employ がある．employ は本来「雇う」という意味だが，科学論文ではもっぱら「用いる」という意味で使われる．be employed の用例数は be used に比べるとかなり少ないものの，意味や用法は be used に非常に近く，method, approach, technique と共に用いられる用例が多い．ただし，be used は analysis や model に対して用いられることが非常に多いが，be employed に対して用いられることはまれである．どちらも後ろに to 不定詞が続くことが多い．

第2部　主語別にみる 主語-動詞の組み合わせ＋例文 500

5章 「研究対象」を主語にする文をつくる

　「研究対象」には様々なものがある．ここでは代表的なものの名詞としての用法について述べる．mice はモデル生物の代表ととらえられるので，他の生物にも応用できる用法がたくさんある．しかし，それだけでなく遺伝子改変生物の代表でもある．これら 2 つの意味での使い方は，互いに異なっているので注意が必要である．　　※名詞の分類については第 1 部 23 ページ参照

◆ 主語になる「研究対象」の名詞とその使い分け

| ① mice（マウス），cell（細胞），patient（患者），mutant（変異体） | これらの単語の意味は全く違うが，用法はよく似ている．実際に研究で対象にされる場合に，得られる結果も互いに補完的なものが多い．mutant は，生物やタンパク質の変異体に対して用いられる． |

◆ 「研究対象」の分類の名詞と組み合わせてよく用いられる動詞

i. 性質（示す，～することができない）	show / exhibit / display / produce / fail to
ii. 経過（発症する，経験する，死亡する，など）	develop / undergo / die
iii. 同定（見つけられる，同定される，など）	be found / be identified / be isolated
iv. 計画・遂行（処理される，作製される，調べられる，など）	be treated / be generated / be infected / be injected / be exposed / be examined / be analyzed / be studied

　show は，result や study など研究結果を主語とすることが多く，その研究の内容がどういうことを意味するかを示すときに用いられる．一方 exhibit や display は，研究対象である mice などがどのような外見上の変化を示したかを述べるときなどに用いられる．
　上記以外に「名詞＋ be 動詞＋形容詞」のパターンである，be resistant to や be viable などの用例も多い．

◆名詞-動詞の組み合わせの頻度

名詞（主語）		i. 性質					ii. 経過		
	動詞	示す show	示す exhibit	示す display	産生する produce	することができない fail to	発症する/発達する develop	経験する undergo	死亡する die
mice	マウス	1758	1564	813	387	311	1519	111	328
cell	細胞	1801	1231	608	746	505	315	648	170
patient	患者	613	214	82	32	51	676	945	458
mutant	変異	1039	898	518	191	303	44	17	49

名詞（主語）		iii. 同定			iv. 計画・遂行				
	動詞	見つけられる be found	同定される be identified	単離される be isolated	処理される be treated	作製される be generated	感染させられる be infected	注入される be injected	曝露される be exposed
mice	マウス	95	11	14	348	257	179	178	98
cell	細胞	482	233	197	457	116	175	112	385
patient	患者	91	143	3	545	1	28	17	9
mutant	変異	170	86	112	1	82	1	0	2

名詞（主語）		iv. 計画・遂行		
	動詞	調べられる be examined	解析される be analyzed	研究される be studied
mice	マウス	71	45	55
cell	細胞	123	96	61
patient	患者	70	86	132
mutant	変異	47	49	27

■使いこなしのポイント■

以下のようなパターンをマスターしよう．

1. 前置詞を後ろに伴う受動態表現

mice were immunized with ～（マウスが～で免疫された）

mice were injected with ～（マウスが～を注射された）

cells were treated with ～（細胞が～で処理された）

cells were transfected with ～（細胞が～を移入された）

cells were infected with ～（細胞は～を感染させられた）

cells were isolated from ～（細胞が～から単離された）

cells were exposed to ～（細胞が～に曝露された）

patients were randomized to ～（患者は～に無作為化された）

2. 自動詞の表現

patient died of ～（患者が～で死亡した）

mutant failed to *do* ～（変異体は～することができなかった）

3. その他の表現

cells undergo apoptosis（細胞はアポトーシスを起こす）

mouse （マウス）【名詞】 151178

mice	112399
mouse	38779

モデル実験の対象として非常によく用いられる．最近は，遺伝子改変マウスに関する用例の頻度が高い．主語としては，複数形が用いられることが圧倒的に多い．動詞および例文は，他のモデル生物に応用することが可能である．

◆ mice と共によく使われる動詞

●性質に関する動詞　　　　　　　　　　　　　　用例数
- show 〜　　　　〜を示す ❶　　　　　　　1758
- exhibit 〜　　　〜を示す ❷　　　　　　　1564
- display 〜　　　〜を示す　　　　　　　　813
- produce 〜　　　〜を産生する　　　　　　387
- fail to 〜　　　〜することができない　　311
- express 〜　　　〜を発現する　　　　　　285
- be viable　　　 生存可能である　　　　　235
- be resistant to 〜 〜に抵抗性である　　　196
- lack 〜　　　　 〜を欠く　　　　　　　　185
- be protected　　保護される　　　　　　　146
- provide 〜　　　〜を提供する　　　　　　134
- appear 〜　　　 〜のようである　　　　　117
- manifest 〜　　 〜を表す　　　　　　　　 68

●経過に関する動詞
- develop 〜　　　発達する／〜を発症する ❸　1519
- die　　　　　　 死ぬ　　　　　　　　　　328
- survive　　　　 生き延びる ❹　　　　　　189
- undergo 〜　　　〜を受ける　　　　　　　111
- become 〜　　　 〜になる　　　　　　　　 80
- respond to 〜　 〜に応答する　　　　　　 61

●計画・遂行に関する動詞
- be treated　　　処理される　　　　　　　348
- receive 〜　　　〜を受ける ❺　　　　　　263

- be generated　　作製される ❻　　　　　　257
- be immunized　　免疫される ❼　　　　　　244
- be used　　　　 使われる　　　　　　　　207
- be infected　　 感染させられる　　　　　179
- be injected　　 注射される ❽　　　　　　178
- be fed 〜　　　 〜を食餌として与えられる 115
- be subjected　　〜に供される　　　　　　111
- be inoculated　 接種される　　　　　　　108
- be challenged　 曝露される　　　　　　　103
- be exposed　　　曝露される　　　　　　　 98
- be crossed　　　交雑させられる　　　　　 80
- be given　　　　〜を与えられる　　　　　 86
- be examined　　 調べられる　　　　　　　 71
- be killed　　　 殺される　　　　　　　　 67

●同定に関する動詞
- be found to 〜　〜することが見つけられる　95

◆文の組み立て例
「ノックアウトマウスは腫瘍を発症した」
→ Knockout <u>mice</u> <u>developed</u> tumors.
　　　　　　 S ＋ V

例文

❶ In an *in vivo* model of peritonitis, MRP-14$^{(-/-)}$ mice showed no difference from wild-type mice in induced inflammatory response. *(Mol Cell Biol. 2003 23:2564)*
（MRP-14$^{(-/-)}$マウスは，野生型マウスとの違いを示さなかった）

❷ TLR4-deficient mice exhibited increased mortality and lung injury during hyperoxia. *(J Immunol. 2005 175:4834)*
（TLR4 欠損マウスは，増大した死亡率を示した）

❸ RabGEF1-deficient mice developed severe skin inflammation and had increased numbers of mast cells. *(Nat Immunol. 2004 5:844)*
（RabGEF1 欠損マウスは，重症の皮膚の炎症を発症した）

❹ Homozygous mutant mice survived to birth, but died during the neonatal period. *(Development. 1996 122:3537)*
（ホモ接合性変異体マウスは，出生まで生き延びた）

❺ Mice received a single injection of DOX (25 mg/kg IP). *(Circulation. 2003 107:896)*
（マウスは，DOX の単回投与を受けた）

❻ Transgenic mice were generated that ubiquitously overexpress human NAG-1 under the control of a chicken β-actin promoter (CAG). *(Gastroenterology. 2006 131:1553)*
(ヒト NAG-1 を一様に過剰発現するトランスジェニックマウスが作製された)

❼ DBA/1J mice were immunized with type II collagen, and in some cases, lipopolysaccharide (LPS) was used to boost the development of arthritis. *(Arthritis Rheum. 2006 54:877)*
(DBA/1J マウスがII型コラーゲンで免疫された)

❽ Mice were injected intravenously with GXM, and the tissue distribution was determined. *(J Infect Dis. 2001 184:479)*
(マウスは，GXM を静脈内に注射された)

---

cell 〈細胞〉【名詞】617703

cells	363527
cell	254176

論文で使われる cell は，培養細胞のことが圧倒的に多い．生物ではないが，生体内に近い環境を容易に提供できるツールである．由来が多様なうえに，様々な条件を与えて用いることができる．複数形の用例が多い．

◆ cell と共によく使われる動詞

		用例数
●性質に関する動詞		
show 〜	〜を示す	1801
exhibit 〜	〜を示す	1231
produce 〜	〜を産生する ❶	746
contain 〜	〜を含む	698
display 〜	〜を示す ❷	608
play 〜	〜を果たす	422
be present	存在する	307
be resistant to 〜	〜に抵抗性である	186
be unable to 〜	〜することができない	137
●経過に関する動詞		
undergo 〜	〜を起こす ❸	648
develop 〜	〜を起こす	315
●計画・遂行に関する動詞		
be treated	処理される ❹	457
be exposed	曝露される ❺	385
be cultured	培養される ❻	261
be transfected with 〜	〜を移入される ❼	249
be stimulated	刺激される ❽	237
be grown	育てられる	233
be incubated	インキュベートされる	205
be infected	感染させられる ❾	175
be activated	活性化される	173
be generated	作製される	116
be labeled	ラベルされる	116
be injected	注入される	112
●同定に関する動詞		
be found	見つけられる ❿	482
be detected	検出される	247
be identified	同定される ⓫	233
be isolated	単離される ⓬	197

◆文の組み立て例
「変異細胞は，〜に対する増大した感受性を示す」
→ Mutant cells exhibit increased sensitivity to 〜
　　　S + V

例文

❶ These activated T **cells produce** cytokines that lyse islets. *(J Immunol. 2000 165:1294)*
（これらの活性化された T 細胞は，サイトカインを産生する）

❷ HIV-1-infected Molt-4 **cells displayed** reduced p53 acetylation on lysines 320 and 373 in response to UV irradiation. *(J Biol Chem. 2003 278:12310)*
（HIV-1 に感染した Molt-4 細胞は，低下した p53 アセチル化を示した）

❸ Blocking TCR-mediated survival signals, T **cells undergo apoptosis** instead of proliferation upon TCR stimulation. *(J Immunol. 2006 176:6709)*
（T 細胞は，アポトーシスを起こす）

❹ These sawteeth disappeared from the measured force-extension curves when **cells were treated with** proteinase K. *(J Bacteriol. 2005 187:2127)*
（細胞がプロテイナーゼ K で処理されたとき）

❺ Vero E6 **cells were exposed to** various inhibitors before, during, and after infection with filoviruses. *(J Infect Dis. 2007 196:S251)*
（ベロ E6 細胞が様々な阻害剤に曝露された）

❻ Transformed RGC-5 **cells were cultured in** serum-free medium and were treated with 0.5 μM to 2.0 μM staurosporine to induce their differentiation. *(Invest Ophthalmol Vis Sci. 2007 48:1884)*
（癌化した RGC-5 細胞が，無血清培地で培養された）

❼ To assess the significance of HSulf-1 downregulation in ovarian cancer, OV167 and OV202 **cells were transfected with** HSulf-1 siRNA. *(Oncogene. 2007 26:4969)*
（OV167 および OV202 細胞は，HSulf-1 siRNA を移入された）

❽ To characterize endogenous Gα12 signaling pathways, non-transfected MDCK-II and HEK293 **cells were stimulated with** thrombin. *(Hepatology. 2001 33:397)*
（非形質導入の MDCK-II 細胞および HEK293 細胞がトロンビンによって刺激された）

❾ Exponentially growing **cells were infected with** the adenovirus vector, heat shocked 24 h later, and the radiosensitivity determined 12 h after heat shock. *(Cancer Res. 2003 63:3268)*
（指数関数的に増殖している細胞が，アデノウイルスベクターを感染させられた）

❿ SVZ **cells were found to** express BMPs as well as their cognate receptors. *(Neuron. 2000 28:713)*
（SVZ 細胞は，BMP を発現することが見つけられた）

⓫ Apoptotic **cells were identified by** TUNEL assay in combination with morphological criteria. *(Hepatology. 2001 33:397)*
（アポトーシス細胞が TUNEL アッセイによって同定された）

⓬ Epithelial **cells were isolated from** wild-type or knockin mice at different developmental ages. *(Invest Ophthalmol Vis Sci. 2007 48:5630)*
（上皮細胞が，野生型あるいはノックインマウスから単離された）

patient （患者）【名詞】173493

patients	153408
patient	20085

patient とは，治療の対象となる患者のことを意味する．新しい治療法や薬の開発には，患者を対象にした研究は不可欠である．治療経過や臨床治験に関することは代替の研究方法がなく，特有な表現が多い．複数形の用例が非常に多い．

◆ patient と共によく使われる動詞

●経過に関する動詞 用例数
undergo ～	～を受ける ❶	945
develop ～	～を発症する ❷	676
die	死亡する ❸	458
experience ～	～を経験する ❹	399
achieve ～	～を達成する	191
respond	応答する	140
enter	入る	94

●性質に関する動詞
show ～	～を示す ❺	613
exhibit ～	～を示す ❻	214
meet ～	～に合う	115
be alive	生きている	107
be assessable for ～	～に対して評価できる	70

●計画・遂行に関する動詞
be treated	治療される ❼	545
be randomized	無作為化される ❽	401
be enrolled	登録される ❾	327
be followed	追跡される ❿	300
complete ～	～を完了する ⓫	225
be divided	分けられる	134
be studied	研究される	132
be stratified	層別化される	123

be classified	分類される	108
be compared	比較される	98
be assigned	割り当てられる	93
be analyzed	解析される	86
be excluded	除外される	78
be entered	入れられる	73
be included	含まれる	71
be examined	調べられる	70

●解釈・結果に関する動詞
remain ～	～のままである	195
be evaluated	評価される ⓬	178
be assessed	評価される	78

●同定に関する動詞
be identified	同定される	143
be found	見つけられる	91

◆文の組み立て例
「60名の患者が手術を受けた」
→ Sixty patients underwent surgery.
　　　　　S　＋　V

例文

❶ All patients underwent coronary arteriography before discharge. *(Circulation. 2005 112:1587)*
（すべての患者が，冠動脈造影を受けた）

❷ One patient developed acute myeloid leukemia (associated with-7). *(Blood. 2007 110:2991)*
（1名の患者が，急性骨髄性白血病を発症した）

❸ One patient died of liver failure judged as possibly related to treatment. *(Gastroenterology. 2004 127:S194)*
（1名の患者が，肝不全で死亡した）

❹ No patient experienced disease progression during initial topotecan therapy. *(J Clin Oncol. 2005 23:4039)*
（病状悪化を経験した患者はいなかった）

❺ Patients showed a significant reduction in depressive symptoms with treatment. *(Am J Psychiatry. 2003 160:64)*
（患者は，～の有意な低下を示した）

❻ cHCV patients exhibited increased TNF-α in the circulation and in the liver. *(Gastroenterology. 2007 133:1627)*
（cHCVの患者が，増大したTNF-αを示した）

❼ Eighty-seven patients were treated with placebo and 158 with IFN-γ 1b. *(Hepatology. 2007 45:886)*
（87名の患者が，偽薬で治療された）

❽ Forty-nine patients were randomized to either etanercept or placebo. *(Transplantation. 2007 84:480)*
（49名の患者が，エタネルセプトか偽薬のどちらかに無作為化された）

❾ Twenty patients were enrolled in phase I. *(J Clin Oncol. 2006 24:4163)*
（20名の患者が，第I相に登録された）

❿ ALI/ARDS **patients were followed for** 28 days or death. *(Crit Care Med. 2007 35:842)*
（ALI/ARDS の患者が，28 日間追跡された）

⓫ Thirty-seven **patients completed** the trial. *(Am J Psychiatry. 2006 163:73)*
（37 名の患者が，治験を完了した）

⓬ **Patients were evaluated for** response at 8 weeks, then every 3 months to 1 year. *(Am J Psychiatry. 2006 163:73)*
（患者は，8 週目に反応の評価をされた）

mutant （変異体）【名詞】93480

mutant	58934
mutants	34546

mutant は，生物個体やタンパク質などの変異体のことを意味する．特定のものを示す単語ではなく，さまざまなタイプのものが存在する．

◆ mutant と共によく使われる動詞

●性質に関する表現

		用例数
show ～	～を示す ❶	1039
exhibit ～	～を示す ❷	898
display ～	～を示す	518
fail to ～	～することができない ❸	303
be defective	欠陥がある ❹	244
indicate ～	～を示す	238
retain ～	～を保持する ❺	227
produce ～	～を産生する ❻	191
be unable to ～	～することができない	166
contain ～	～を含む	152
grow	成長する ❼	148
lack ～	～を欠く	140
inhibit ～	～を抑制する	118
be expressed	発現される	116
be viable	生存可能である	87
cause ～	～を引き起こす	76
be characterized	特徴づけられる	69

●計画・遂行に関する動詞

be constructed	構築される ❽	162
be generated	作製される	82
be used	使われる	66

●同定に関する動詞

be found	見つけられる ❾	170
be isolated	単離される	112
be identified	同定される	86

●変化に関する動詞

accumulate	蓄積する	126
restore ～	～を回復させる	78
increase ～	～を増大させる／増大する	74

例文

❶ The cyp71 **mutant showed** reduced methylation of H3K27 at target loci, consistent with the derepression of these genes in the mutant. *(Plant Cell. 2007 Aug;19 (8):2403)*
(cyp71 変異体は，H3K27 の低下したメチル化を示した)

❷ Ndst1 **mutants exhibited** reduced sulfation of heparan sulfate, but both BMP- and Wnt-signaling remained unchanged. *(Development. 2006 133:4933)*
(Ndst1 変異体は，ヘパラン硫酸の低下した硫酸化を示した)

❸ The rluA deletion **mutant failed to** form either 23 S RNA pseudouridine 746 or tRNA pseudouridine 32. *(J Biol Chem. 1999 274:18880)*
(その rluA 欠損変異体は，23 S RNA プソイドウリジン 746 も tRNA プソイドウリジン 32 もどちらも形成できなかった)

❹ We observed that nonmotile **mutants were defective in** biofilm formation. *(J Bacteriol. 2007 189:4418)*
(非運動性の変異体は，バイオフィルム形成に欠陥があった)

❺ While the S61 **mutant retained the ability to** cause transformation, both the G63 and the C66 mutants were defective in this biological activity. *(Mol Cell Biol. 1999 19:6333)*
(S61 変異体は，形質転換を引き起こす能力を保持していた)

❻ The ORF3 **mutant produced reduced** levels of tabtoxin, indicating that ORF3 may have a role in T β L biosynthesis. *(J Bacteriol. 1997 179:5922)*
(その ORF3 変異体は，低下したレベルの tabtoxin を産生した)

❼ Surprisingly, nat4 **mutants grow** at a normal rate and have no readily observable phenotypes. *(J Biol Chem. 2003 278:38109)*
(nat4 変異体は，正常な速度で成長する)

❽ An LR **mutant was constructed by** inserting three stop codons near the beginning of the LR RNA. *(J Virol. 2003 77:4848)*
(LR 変異体が，3 つの終止コドンを挿入することによって構築された)

❾ In addition, all five **mutants were found to** have the same specific defect in xylan structure, retaining MeGlcUA but lacking GlcUA side branches. *(Plant J. 2007 52:1154)*
(5 つの変異体すべてが，同じ特異的な欠損をもつことが見つけられた)

第2部　主語別にみる 主語-動詞の組み合わせ＋例文 500

6章
「現象」を主語にする文をつくる

「現象」には様々なものがあるので，ここでは主語としてよく使われる代表的なものをとりあげる．ここに示すもの以外の現象に関しても，似ている名詞と同様である場合がしばしばあるので参考にするとよい．

※名詞の分類については第1部 23 ページ参照

◆ 主語になる「現象」の名詞とその使い分け

① event（事象）	event は，「事象／現象」の全般を意味する名詞として論文でよく使われる．
② mutation（変異），variation（変動）	mutation は「（遺伝子の）変異／突然変異」を意味する．一方，variation は「変動／変異」という意味をもち，正常の範囲の変動を意味する場合が多い．
③ formation（形成），assembly（構築），synthesis（合成）	formation は腫瘍や骨の形成など，assembly はスピンドルやアクチンの形成など，synthesis はタンパク質合成などに使われる．
④ phosphorylation（リン酸化），apoptosis（アポトーシス）	phosphorylation と apoptosis は，それぞれ具体的な事象を表す．
⑤ replication（複製），proliferation（増殖），growth（増殖／成長）	replication は DNA やウイルスの複製などに，proliferation は細胞増殖などに，growth は細胞や腫瘍の増殖などに対して用いられる．

◆「現象」の分類の名詞と組み合わせてよく用いられる動詞

i. 発生・同定（起こる，観察される，見つけられる，など）	occur / be observed / be found / be detected
ii. 性質（関連している，必要とされる，など）	be associated with / be required / require
iii. 結果（結果になる）	result in
iv. 変化（増大する，低下する，抑制される，など）	increase / be increased / decrease / be reduced / be blocked / be inhibited

◆名詞-動詞の組み合わせの頻度

名詞（主語）\動詞		i. 解釈・結果				ii. 性質			iii. 結果
		起こる occur	観察される be observed	見つけられる be found	検出される be detected	関連している be associated with	必要とされる be required	必要とする require	の結果になる result in
event	事象	408	48	15	20	53	59	30	44
mutation	変異	288	87	449	212	145	25	8	601
variation	変動	37	43	32	20	15	1	4	5
formation	形成	155	83	28	14	37	19	102	24
assembly	構築	57	2	1	3	5	10	34	12
synthesis	合成	91	30	10	16	13	61	41	31
phosphorylation	リン酸化	153	55	13	28	24	89	33	48
apoptosis	アポトーシス	167	83	17	42	93	7	44	20
replication	複製	101	31	6	13	18	15	60	10
proliferation	増殖	41	29	9	9	17	7	25	12
growth	増殖／成長	60	46	11	12	30	4	33	12

名詞（主語）\動詞		iv. 変化					
		増大する／させる increase	増大する be increased	低下する／させる decrease	低下する be reduced	ブロックされる be blocked	抑制される be inhibited
event	事象	35	7	9	6	22	8
mutation	変異	208	1	122	7	0	3
variation	変動	3	1	2	1	0	0
formation	形成	50	18	18	23	19	48
assembly	構築	3	3	2	3	10	8
synthesis	合成	43	34	31	22	36	89
phosphorylation	リン酸化	95	39	28	28	41	56
apoptosis	アポトーシス	46	33	6	24	42	48
replication	複製	11	2	5	17	32	52
proliferation	増殖	46	25	23	19	18	37
growth	増殖／成長	31	4	18	13	8	44

■使いこなしのポイント■

以下のようなパターンをマスターしよう．

1. 前置詞を後ろに伴う受動態表現

variation was observed in ～（変動が～において観察された）

mutations were found in ～（変異が～において見つけられた）

mutations were detected in ～（変異が～において検出された）

mutations were identified in ～（変異が～において同定された）

phosphorylation is required for ～（リン酸化が～のために必要とされる）

mutation was introduced into ～（変異が～に導入された）

2. 前置詞を後ろに伴う自動詞の表現

mutations resulted in ～（変異が～という結果になった）

mutation leads to ～（変異は～につながる）

events occur in ～（事象が～において起こる）

phosphorylation occurs at ～（リン酸化が～において起こる）

phosphorylation occurs on ～（リン酸化が～において起こる）

event （事象）【名詞】30267

events	22170
event	8097

event は，「事象／現象」の全般を意味する名詞として論文でよく使われる．組み合わされる動詞としては，occur が非常に多い．複数形の用例が多い．

◆ event と共によく使われる動詞

●発生・同定に関する動詞　　　　　　　　　　　　　　用例数
occur	起こる ❶	408
be observed	観察される	48

●性質に関する動詞
be required	必要とされる ❷	59
be associated with 〜	〜と関連している	53

●結果に関する動詞
result in 〜	〜という結果になる	44
lead to 〜	〜につながる	44
remain 〜	〜のままである	44

◆文の組み立て例
「心血管イベントが，50 人の患者において起こった」
→ Cardiac events occurred in 50 patients.
　　　　S ＋ V

例文

❶ Adverse events occur in about 20% of cases. *(Ann Intern Med. 2005 142:547)*
（有害事象がおよそ 20％の症例で起こる）

❷ Together, these results suggested that additional genetic events are required for the development of APL. *(Proc Natl Acad Sci USA. 2000 97:13306)*
（付加的な遺伝的事象が APL の発症のために必要とされる）

mutation （変異）【名詞】82875

mutations	48578
mutation	34297

mutation は「（遺伝子の）変異／突然変異」という意味で，しばしば疾患などの原因になる．主語として用いられる頻度が非常に高い．複数形の用例が多い．

◆ mutation と共によく使われる動詞

●発生・同定に関する動詞　　　　　　　　　　　　　　用例数
be found	見つけられる ❶	449
be identified	同定される ❷	377
occur	起こる ❸	288
be detected	検出される ❹	212
be present	存在する	130
be located	位置づけられる	103
be observed	観察される	87

●解釈・結果に関する動詞
result in 〜	〜という結果になる ❺	651
cause 〜	〜を引き起こす ❻	566
affect 〜	〜に影響を与える	394
lead to 〜	〜につながる	248
show 〜	〜を示す	184
appear 〜	〜のようである	133
suggest 〜	〜を示唆する	87
be predicted to 〜	〜すると予想される	54

● 計画・遂行に関する動詞

be introduced	導入される ❼	229
be made	なされる	81
be generated	生成される	55
be constructed	作製される	49

● 変化に関する動詞

increase 〜	〜を増大させる	208
reduce 〜	〜を低下させる ❽	193
alter 〜	〜を変化させる	174
disrupt 〜	〜を破壊する	158
decrease 〜	〜を低下させる	122
abolish 〜	〜を破壊する	100

● 性質に関する動詞

be associated with 〜	〜に関連している	145
confer 〜	〜を与える ❾	139
exhibit 〜	〜を示す	90

例文

❶ No **mutations were found in** the other groups. *(Brain. 2006 129:411)*
(変異は，その他のグループには見つけられなかった)

❷ TNNI3 **mutations were identified in** six of these nine RCM patients. *(J Clin Invest. 2003 111:209)*
(TNNI3 の変異は，これら 9 人の拘束型心筋症患者のうちの 6 人で同定された)

❸ All **mutations occurred in** highly conserved residues and were absent in 600 reference alleles. *(Circulation. 2007 116:2253)*
(すべての変異が，高度に保存された残基に起こった)

❹ **Mutations were detected in** two patients, both of whom had reduced serum IF levels. *(J Am Soc Nephrol. 2005 16:2150)*
(変異が 2 人の患者で検出された)

❺ The point **mutations resulted in** a 2.5- to 3-fold reduction of CAT activity. *(J Immunol. 1996 157:3499)*
(その点変異は，CAT 活性の 2.5 から 3 倍の低下という結果になった)

❻ Functional analyses elucidated how BCS1L **mutations cause** the Bjornstad syndrome. *(N Engl J Med. 2007 356:809)*
(機能的解析は，BCS1L の変異がどのように Bjornstad 症候群を引き起こすかを明らかにした)

❼ An S32C **mutation was introduced into** hMT-2. *(Proc Natl Acad Sci USA. 2003 100:2255)*
(S32C 変異が，hMT-2 に導入された)

❽ The α W149F **mutation reduced** the receptor affinity by approximately 12-fold and the channel opening rate constant by 93-fold. *(J Physiol. 2001 535:729)*
(α W149F 変異は，受容体の親和性を約 12 倍低下させた)

❾ Point **mutations confer** cefotaxime resistance, but they compromise ampicillin resistance. *(J Mol Evol. 2007 64:215)*
(点変異は，セフォタキシム抵抗性を与える)

variation （変動／バリエーション）【名詞】13311

variation	9971
variations	3340

variation は「変動／バリエーション」という意味で用いられる．mutations とは違って，必ずしも疾患に結びつくものではない．正常の範囲の変動を意味することが多い．

◆ variation と共によく使われる動詞

●発生・同定に関する動詞　　　　　　　　　　　用例数
- be observed　　観察される ❶　　　　　　　　43
- occur　　　　　起こる　　　　　　　　　　　37

●解釈・結果に関する動詞
- exist　　　　　存在する　　　　　　　　　　40

例文

❶ Considerable variation was observed in the expression of these gene products between subjects. *(J Physiol. 2004 560:617)*
(かなりの変動がこれらの遺伝子産物の発現において観察された)

formation （形成）【名詞】50521

formation	50427
formations	94

formation は，腫瘍形成（tumor formation）や骨形成（bond formation）などにもよく用いられる．

◆ formation と共によく使われる動詞

●発生・同定に関する動詞　　　　　　　　　　　用例数
- occur　　　　　起こる ❶　　　　　　　　　　155
- be observed　　観察される　　　　　　　　　83

●性質に関する動詞
- require ～　　　～を必要とする ❷　　　　　　102
- involve ～　　　～を含む　　　　　　　　　　54

◆冠詞
無冠詞の用例が多い．

例文

❶ G$\beta\gamma$ dimer formation occurs early in the assembly of heterotrimeric G proteins. *(J Biol Chem. 2006 281:20221)*
(Gβγダイマー形成は，ヘテロ三量体 G タンパク質の構築において早期に起こる)

❷ We found that stress fiber formation requires *de novo* protein synthesis, p38Mapk and Smad signaling. *(Mol Biol Cell. 2004 15:4682)*
(ストレスファイバー形成は，新規のタンパク質合成を必要とする)

assembly （構築／集合）【名詞】17686

assembly	16726
assemblies	960

assembly は，スピンドル構築（spindle assembly）やアクチン構築（actin assembly）などによく用いられる．assembly of の用例も多い．

◆ assembly と共によく使われる動詞

●発生・観察に関する動詞		用例数
occur	起こる ❶	57
●性質・結果に関する動詞		
require ~	~を必要とする	34

◆文の組み立て例
「プロコラーゲンの構築が起こる」
→ Assembly of procollagen occurs.
　　　S　　　　　　　　　V

例文

❶ In this study, we demonstrate that the mutant virus **assembly occurs** in the Golgi or in post-Golgi vesicles. *(J Virol. 2000 74:2855)*
（変異ウイルス構築が，ゴルジ体において起こる）

synthesis （合成）【名詞】30671

synthesis	30094
syntheses	577

synthesis は，タンパク質合成（protein synthesis）や DNA 合成（DNA synthesis）などによく用いられる．

◆ synthesis と共によく使われる動詞

●発生・同定に関する動詞		用例数
occur	起こる ❶	91
be observed	観察される	30
●変化に関する動詞		
be inhibited	抑制される ❷	89
Increase	増大する	43
be blocked	ブロックされる	36
●性質に関する動詞		
be required	必要とされる ❸	61
require ~	~を必要とする	41
involve ~	~を伴う	37

◆文の組み立て例
「タンパク質合成は，シクロヘキシミドによって抑制される」
→ Protein synthesis is inhibited by cyclohex-
　　　　S　　　　　　　　V
　imide.

◆冠詞
複数形の用例は少なく，無冠詞で使われることが非常に多い．

例文

❶ Secretory proteins are folded, processed, and sorted in the ER lumen and lipid **synthesis occurs** on the ER membrane itself. *(Mol Biol Cell. 1997 8:1805)*
（脂質合成は小胞体膜上で起こる）

❷ We report for the first time that LT **synthesis is inhibited by** the direct action of protein kinase A (PKA) on 5-LO. *(J Biol Chem. 2004 279:41512)*
（ロイコトリエンの合成は，プロテインキナーゼ A の直接作用によって抑制される）

❸ Overexpression of U19 in 12 surveyed cell lines induced apoptosis, and new protein **synthesis is required for** apoptosis induction. *(Cancer Res. 2003 63:4698)*
（新規のタンパク質合成が，アポトーシス誘導のために必要とされる）

phosphorylation （リン酸化）【名詞】41376

| phosphorylation | 41204 |
| phosphorylations | 172 |

phosphorylation は,「リン酸化」という特別な事象に対して用いられる.

◆ phosphorylation と共によく使われる動詞

		用例数
●発生・同定に関する動詞		
occur	起こる ❶	153
be observed	観察される ❷	55
●変化に関する動詞		
increase	増大する	95
be inhibited	抑制される ❸	56
be blocked	ブロックされる	41
be increased	増大する	39
●性質に関する動詞		
be required	必要とされる ❹	89
regulate 〜	〜を調節する ❺	88
play 〜	〜を果たす	62
●結果に関する動詞		
result in 〜	〜という結果になる	48

◆文の組み立て例
JNK のリン酸化がセリン 129 で起こった
→ Prosphorykation of JNK occured on Ser129.
　　　　S　　　　　　　　　　V

例文

❶ sst2A **phosphorylation occurs on** serine and threonine residues in the third intracellular loop and carboxyl terminus. *(Mol Pharmacol. 2008 73:292)*
（sst2A リン酸化は, セリンとスレオニン残基において起こる）

❷ Consistent with these findings, increased c-Jun **phosphorylation was observed** after drug treatment of cells. *(J Biol Chem. 1996 271:30950)*
（増大した c-Jun リン酸化が細胞の薬剤処理のあと観察された）

❸ PDGFR **phosphorylation was inhibited by** STI571. *(Cancer Res. 2005 65:10371)*
（PDGFR リン酸化が, STI571 によって抑制された）

❹ Here, we present evidence that tyrosine **phosphorylation is required for** Akt activation. *(J Biol Chem. 2001 276:31858)*
（チロシンリン酸化は, Akt の活性化のために必要とされる）

❺ Several lines of evidence suggest that reversible protein **phosphorylation regulates** auxin transport. *(Plant Cell. 2001 13:1683)*
（可逆性のタンパク質リン酸化は, オーキシンの輸送を調節する）

apoptosis （アポトーシス）【名詞】37713

apoptosis は, programmed cell death（プログラム細胞死）とも呼ばれる細胞死のしくみの一つである.

◆ apoptosis と共によく使われる動詞

		用例数
●発生・同定に関する動詞		
occur	起こる ❶	167
be induced	誘導される ❷	92
be observed	観察される	83

be determined	決定される	44
be detected	検出される	42

●変化に関する動詞
be inhibited	抑制される	48
increase	増大する	46
be blocked	ブロックされる	42

●性質・結果に関する動詞
be associated with 〜	〜と関連している ❸	93
plays 〜	〜を果たす	70
be mediated	仲介される ❹	56
involves 〜	〜を含む	46
require 〜	〜を必要とする	44

◆冠詞
無冠詞の用例が非常に多い．

例 文

❶ By TUNEL assay, **apoptosis occurred in** 13% of the epithelial cells and in 8% of the endothelial cells. *(Invest Ophthalmol Vis Sci. 1999 40:2827)*
（アポトーシスが，上皮細胞の 13%において起こった）

❷ **Apoptosis was induced** by serum deprivation, and the number of pyknotic cells was counted. *(J Biol Chem. 2001 276:32814)*
（アポトーシスが，血清欠乏によって誘導された）

❸ SJG-136-induced **apoptosis was associated with** the activation of caspase-3 that could be partially abrogated by the caspase-9 inhibitor Z-LEHD-FMK. *(Cancer Res. 2004 64:6750)*
（SJG-136 に誘導されるアポトーシスは，カスパーゼ 3 の活性化に関連していた）

❹ Reovirus-induced **apoptosis is mediated by** TRAIL and is associated with the release of TRAIL from infected cells. *(Oncogene. 2001 20:6910)*
（レオウイルスに誘導されるアポトーシスは，TRAIL によって仲介される）

replication （複製）【名詞】25550

replication	25508
replications	42

replication は，DNA 複製（DNA replication）やウイルス複製（viral replication）などに用いられる．

◆ replication と共によく使われる動詞

●発生・同定に関する動詞　　　　　　　　　　用例数
occur	起こる	101
initiate	開始する ❶	36
be observed	観察される	31
be initiated	開始される	26

●変化に関する動詞
be inhibited	抑制される	52
be blocked	ブロックされる	32

●性質に関する動詞
require 〜	〜を必要とする ❷	60

◆冠詞
無冠詞で使われることが非常に多い．

例文

❶ DNA **replication initiates** at discrete origins along eukaryotic chromosomes. *(Mol Biol Cell. 2006 17:308)*
（DNA 複製は，真核生物の染色体に沿う個別の起点で開始する）

❷ Human papillomavirus (HPV) DNA **replication requires** cellular machinery in addition to the viral replicative DNA helicase E1 and origin recognition protein E2. *(J Virol. 2004 78:13954)*
〔ヒトパピローマウイルス(HPV)の DNA 複製は，細胞の機構を必要とする〕

proliferation （増殖）【名詞】23738

proliferation	23690
proliferations	48

proliferation は，細胞増殖（cell proliferation）などに用いられる．「成長」の意味をもつ growth とは異なり，単に増えることのみを意味する．

◆ proliferation と共によく使われる動詞

●変化に関する動詞　　　　　　　　　　　　　用例数
increase	増大する ❶	46
be inhibited	抑制される	37

●発生・同定に関する動詞
occur	起こる	41
be observed	観察される	29

◆文の組み立て例
「細胞増殖が，³H-チミジン取り込みによって測定された」
→ Cell proliferation was measured by ³H-thymidine incorporation.
　　　S　　　　+　　V

◆冠詞
無冠詞の用例が多い．

例文

❶ Mesangial cell **proliferation increased by** 36-fold on day 5 and decreased abruptly on day 7. *(Am J Pathol. 1996 148:1153)*
（メサンギウム細胞の増殖は，5 日目で 36 倍増大した）

growth （増殖／成長）【名詞】71370

growth	71331
growths	39

growth は，細胞などの増殖や個体の成長などを意味する．腫瘍増殖（tumor growth）などにも用いられる．

◆ growth と共によく使われる動詞

●発生・同定に関する動詞　　　　　　　　　　用例数
occur	起こる	60
be observed	観察される	46

●変化に関する動詞
be inhibited	抑制される ❶	44

●性質に関する動詞
require 〜	〜を必要とする	33

◆冠詞
無冠詞の用例が多い．

例文

❶ T. gondii growth was inhibited by cyclosporin and FK506 in a moderately synergistic manner. *(J Biol Chem. 2005 280:24308)*
（トキソプラズマ原虫の増殖は，シクロスポリンと FK506 によって抑制された）

Column

occur（起こる）と be observed（観察される）

occur と be observed は，この分類のいずれの名詞に対してもよく用いられる．occur と be observed とでは意味は全く異なるが，「起こった現象を観察」するということで 2 つの連続する事象である．そのため，両者の意味合いはしばしば近いものになる．ただし，event や assembly に対して用いられるのは圧倒的に occur が多い．

第 2 部　主語別にみる 主語-動詞の組み合わせ＋例文 500

7 章
「もの」を主語にする文をつくる

論文で用いられる「もの」の名詞には様々なものがある．ここでは代表的なものを示す．

※名詞の分類については第 1 部 23 ページ参照

◆ 主語になる「もの」の名詞とその使い分け

① mRNA（メッセンジャー RNA），gene（遺伝子），protein（タンパク質），receptor（受容体），domain（ドメイン），complex（複合体），factor（因子），molecule（分子）	・研究で扱われる主なものとして，mRNA，gene，protein がある．発現量の変化を議論する場合には，この 3 つがよく用いられる． ・receptor, complex, factor, molecule もタンパク質である場合が多い． ・domain は，タンパク質の一部分の機能的な単位を指す． ・位置が問題になる場合は，gene, protein, receptor, domain が用いられる． ・結合する（bind to）ものは，主に protein, domain, complex, factor である．
② construct（コンストラクト）	construct は，構築されたプラスミドを意味する．

◆ 「もの」の分類の名詞と組み合わせてよく用いられる動詞

i. 性質（発現している，含む，必要とされるなど）	be expressed / contain / include / be required / play / mediate / form / be used / bind to / be regulated / be localized / be located / appear / be involved in / be associated with / be known
ii. 同定（見つけられる，同定されるなど）	be found / be identified / be detected / be observed / be isolated
iii. 解釈・結果（のようである）	appear / be known
iv. 変化（誘導される，増大する）	be induced / be increased

　上記以外に「名詞＋ be 動詞＋形容詞」のパターンである．**be present** や **be essential for** などの用例が多い．

◆名詞-動詞の組み合わせの頻度

名詞（主語） \ 動詞	i. 性質							
	発現している be expressed	含む contain	含む include	必要とされる be required	果たす play	仲介する mediate	形成する form	使われる be used
mRNA メッセンジャーRNA	501	104	11	5	10	3	17	14
gene 遺伝子	1175	535	199	382	246	30	51	122
protein タンパク質	857	857	133	537	636	209	403	173
receptor 受容体	378	71	24	100	258	245	56	32
domain ドメイン	45	276	51	372	151	141	135	30
complex 複合体	11	288	49	165	126	53	157	37
factor 因子	85	32	139	162	259	51	15	36
molecule 分子	68	67	17	33	91	49	52	30
construct コンストラクト	59	36	6	0	2	1	2	80

名詞（主語） \ 動詞	i. 性質						ii. 同定	
	結合する bind to	調節される be regulated	局在する be localized	位置する be located	関与する be involved in	関連している be associated with	見つけられる be found	同定される be identified
mRNA メッセンジャーRNA	2	35	63	10	4	28	149	30
gene 遺伝子	10	261	115	289	207	181	374	484
protein タンパク質	418	72	294	86	276	186	544	396
receptor 受容体	25	26	50	35	90	39	105	32
domain ドメイン	121	8	32	57	69	16	151	86
complex 複合体	73	34	18	11	56	56	191	44
factor 因子	66	24	4	3	74	77	67	76
molecule 分子	19	1	8	14	35	9	70	26
construct コンストラクト	2	1	2	0	0	1	5	1

名詞（主語） \ 動詞	ii. 同定			iii. 解釈・結果		iv. 変化	
	検出される be detected	観察される be observed	単離される be isolated	のようである appear	知られている be known	誘導される be induced	増大する be increased
mRNA メッセンジャーRNA	342	82	12	43	8	126	97
gene 遺伝子	121	57	145	239	104	207	27
protein タンパク質	421	154	99	328	152	70	75
receptor 受容体	52	27	10	99	53	9	19
domain ドメイン	9	24	8	105	24	3	3
complex 複合体	82	71	41	105	19	12	13
factor 因子	9	7	8	82	36	16	12
molecule 分子	35	35	9	50	24	8	5
construct コンストラクト	2	4	2	1	1	3	3

■使いこなしのポイント■

以下のようなパターンをマスターしよう．

1. 前置詞を後ろに伴う受動態表現

　　protein is localized to ～（タンパク質は～に局在する）
　　domains are located in ～（ドメインは～に位置する）
　　protein is involved in ～（タンパク質は～に関与する）

2. to 不定詞を後ろに伴う受動態表現

　　protein was found to *do* ～（タンパク質は～することが見つけられた）
　　receptors are known to *do* ～（受容体は～することが知られている）
　　constructs were used to *do* ～（コンストラクトが～するために使われた）

mRNA

(メッセンジャー RNA)
【名詞】50350

mRNA　43657
mRNAs　6693

mRNA は，遺伝子発現量を調べる際に測定の対象とされる．

◆ mRNA と共によく使われる動詞

●性質に関する動詞

		用例数
be expressed	発現している ❶	501
contain 〜	〜を含む	104
encode 〜	〜をコードする	78
be localized	局在する	63
be translated	翻訳される	38

●同定に関する動詞

be detected	検出される ❷	342
be found	見つけられる	149
be observed	観察される	82

●変化に関する動詞

increase	増大する	160
be induced	誘導される ❸	126
be increased	増大する ❹	97
accumulate	蓄積する ❺	96
decrease	低下する	53
be reduced	低下する	48
be up-regulated	上方制御される	47

◆冠詞
無冠詞単数形の用例が多い．

例文

❶ BTN2A1 **mRNA was expressed in** most human tissues, but protein expression was significantly lower in leukocytes. *(J Immunol. 2007 179:3804)*
（BTN2A1 メッセンジャー RNA は，ほとんどのヒトの組織で発現していた）

❷ Human PON3 **mRNA was detected in** various tissues, including liver, lung, kidney, brain, adipose, and aorta, of both lines of Tg mice. *(Circ Res. 2007 100:1200)*
（ヒト PON3 メッセンジャー RNA が，さまざまな組織で検出された）

❸ Verge **mRNA is induced** in cultured endothelial cells by defined growth factors and hypoxia. *(J Neurosci. 2004 24:4092)*
（Verge メッセンジャー RNA は，培養内皮細胞において誘導される）

❹ CTGF protein and **mRNA increased in** rat corneas through day 21 after PRK. *(Invest Ophthalmol Vis Sci. 2003 44:1879)*
（CTGF タンパク質およびメッセンジャー RNA が，ラット角膜において増大した）

❺ ZRP2 **mRNA accumulates to** the highest levels in young roots, and is also present in mature roots and stems of maize. *(Plant Mol Biol. 1997 35:367)*
（ZRP2 メッセンジャー RNA は，最も高いレベルに蓄積する）

gene （遺伝子）【名詞】244262

gene　152898
genes　91364

gene は，個々のタンパク質をコードする遺伝子の意味で用いられる．

◆ gene と共によく使われる動詞

●性質に関する動詞　　　　　　　　　　　　　　用例数
encode ~	~をコードする ❶	1913
be expressed	発現される	1175
contain ~	~を含む ❷	450
be required	必要とされる	382
be located	位置する ❸	289
be regulated	制御される ❹	261
play ~	~を果たす	246
be involved in ~	~に関与する	207
include	~を含む	199
be transcribed	転写される	186
be associated with ~	~と関連している	181
be present	存在する	158
be localized	位置する	115
span ~	~にわたる	111

●同定に関する動詞
be identified	同定される ❺	484
be found	見つけられる	374
be detected	検出される	121

●計画・遂行に関する動詞
be cloned	クローン化される ❻	276
be mapped	マップされる	150
be isolated	単離される	145

be used	使われる	122
be disrupted	破壊される	101
be deleted	欠失させられる	95
be analyzed	分析される	72
be constructed	構築される	59
be sequenced	配列決定される	56

●解釈・結果に関する動詞
appear ~	~のようである	239
be essential for ~	~に必須である	164
be known	知られている	104

●変化に関する動詞
be induced	誘導される ❼	207
be activated	活性化される	91
be amplified	増幅される	71

◆文の組み立て例
現在分詞の encoding が後に続く用例も非常に多い．
「~をコードする遺伝子の発現」
→ expression of the gene encoding ~
　　　　　　　　　　　　　S + V

◆冠詞
単数形では，通常，定冠詞 the を付ける．

例文

❶ The plb **gene encodes** a protein of 616 amino acids (molecular mass of ~ 65.8 kDa) that expresses phospholipase B activity. *(J Bacteriol. 2001 183:6717)*
（plb 遺伝子は，616 アミノ酸のタンパク質をコードする）

❷ The mouse CTLA8 **gene contains** two exons and one intron. *(Gene. 1996 168:223)*
（マウス CTLA8 遺伝子は，2 つのエクソンと 1 つのイントロンを含んでいる）

❸ The human GDE1 **gene is located on** chromosome 16p12-p11.2 and contains six exons and five introns. *(Gene. 2006 371:144)*
（ヒト GDE1 遺伝子は，染色体 16p12-p11.2 に位置する）

❹ In this study we investigated whether the PEMT **gene is regulated by** estrogen. *(FASEB J. 2007 21:2622)*
（我々は，PEMT 遺伝子がエストロゲンによって制御されるかどうかを精査した）

❺ A total of 286 **genes were identified** as significantly up-regulated in patients with active disease and 86% of them were specific to systemic JIA. *(Arthritis Rheum. 2007 56:1954)*
（合計 286 遺伝子が，~の患者において有意に上方制御されるとして同定された）

❻ The pdg **gene was cloned** and sequenced from 42 chlorella viruses isolated over a 12-year period from diverse geographic regions. *(J Mol Evol. 2000 50:82)*
（pdg 遺伝子が，~からクローン化され，そして配列決定された）

❼ Similarly, the SCD1 gene is induced by TLR2 signaling in a human sebocyte cell line. *(Infect Immun. 2005 73:4512)*
(SCD1 遺伝子は，TLR2 シグナル伝達によって誘導される)

protein （タンパク質）【名詞】357957

protein	247027
proteins	110930

protein は，生物の体の機能的成分として最も重要なものである．

◆ protein と共によく使われる動詞

●性質に関する表現			用例数
contain ~	~を含む ❶		857
be expressed	発現している		857
play ~	~を果たす ❷		636
be required	必要とされる ❸		537
bind to ~	~に結合する ❹		418
form ~	~を形成する ❺		403
exhibit ~	~を示す		392
be present	~に存在する ❻		391
interact with ~	~と相互作用する		375
regulate ~	~を制御する		314
be localized	局在する ❼		294
be involved in ~	~に関与する ❽		276
be associated with ~	~と関連している		186
be capable of ~	~することができる		123
be phosphorylated	リン酸化される		93

●同定に関する動詞
be found | 見つけられる ❾ | | 544
be detected | 検出される | | 421
be identified | 同定される | | 396
be observed | 観察される | | 154

●計画・遂行に関する動詞
be purified | 精製される | | 278
be used | 使われる | | 173
be produced | 産生される | | 108
be synthesized | 合成される | | 108
be isolated | 単離される | | 99
be targeted | 標的とされる | | 95

●解釈・結果に関する表現
appear ~ | ~のようである | | 328
be shown | 示される | | 192
be essential for ~ | ~に必須である | | 181
be known | 知られている | | 152
be important | 重要である | | 113
be similar | 類似している | | 102
be thought to ~ | ~すると考えられる | | 103

◆冠詞
複数形の用例がかなり多いが，無冠詞単数で使われることも非常に多い．

例文

❶ The amino acid sequence indicates that FA2H protein contains an N-terminal cytochrome b5 domain and four potential transmembrane domains. *(J Biol Chem. 2004 279:48562)*
(FA2H タンパク質は，アミノ末端チトクロム b5 ドメインと 4 つの潜在的な膜貫通ドメインを含んでいる)

❷ These results suggest that the HSS1 enhancer and Oct proteins play central roles in Il12b induction upon macrophage activation. *(Mol Cell Biol. 2007 27:2698)*
(HSS1 エンハンサーと Oct タンパク質は，Il12b 誘導において中心的な役割を果たす)

❸ Our results demonstrate that the NS1 protein is required for efficient viral protein synthesis in COS-7 cells. *(J Virol. 2002 76:1206)*
(NS1 タンパク質は，効果的なウイルスタンパク質合成のために必要とされる)

❹ Here we show that HOXA9 protein binds to the Pim1 promoter and induces Pim1 mRNA and protein in hematopoietic cells. *(Blood. 2007 109:4732)*
(HOXA9 タンパク質は，Pim1 プロモーターに結合する)

❺ In K562 cells SATB1 family protein forms a complex with CREB-binding protein (CBP) important in transcriptional activation. *(Blood. 2005 105:3330)*
(SATB1 ファミリータンパク質は，CREB 結合タンパク質との複合体を形成する)

❻ Endogenous Wrd **protein is present in** the larval nervous system and muscle and is enriched at central and neuromuscular synapses. *(J Neurosci. 2006 26:9293)*
(内在性の Wrd タンパク質は，幼生の神経系と筋肉に存在する)

❼ An AGL80-green fluorescent protein fusion **protein is localized to** the nucleus. *(Plant Cell. 2006 18:1862)*
(AGL80- 緑色蛍光タンパク質融合タンパク質は核に局在する)

❽ This study shows that the HFE **protein is involved in** the regulation of iron homeostasis and that mutations in this gene are responsible for HH. *(Proc Natl Acad Sci USA. 1998 95:2492)*
(HFE タンパク質は，～の制御に関与する)

❾ The FLJ10986 **protein was found to** be expressed in the spinal cord and cerebrospinal fluid of patients and of controls. *(N Engl J Med. 2007 357:775)*
(FLJ10986 タンパク質は，～において発現していることが見つけられた)

receptor （受容体）【名詞】147746

receptor	103608
receptors	44138

receptor は，ホルモン，成長因子，生理活性物質と結合してそのシグナルを仲介する働きをもつ．

◆ receptor と共によく使われる動詞

●性質に関する動詞

		用例数
be expressed	発現している ❶	378
play ～	～を果たす	258
mediate ～	～を仲介する ❷	245
be present	存在する	119
be required	必要とされる	100
be involved in ～	～に関与している	90
be activated	活性化される ❸	71
be localized	局在する ❹	50
be blocked	ブロックされる	49

●同定に関する動詞

be found	見つけられる	109
be detected	検出される	52

●解釈・結果に関する動詞

appear ～	～のようである	99
be important	重要である	67
be known	知られている	53

◆冠詞
複数形の用例がかなり多いが，一方で無冠詞単数で使われることも多い．

例文

❶ Several Toll-like **receptors are expressed in** intestinal epithelium. *(Curr Opin Gastroenterol. 2007 23:27)*
(いくつかの Toll 様受容体は，腸上皮において発現している)

❷ AMPA **receptors mediate** the majority of the fast excitatory transmission in the central nervous system. *(Neuron. 2005 48:977)*
(AMPA 受容体は，高速な興奮性伝達の大部分を仲介する)

❸ ErbB **receptors are activated by** ligand-induced formation of homodimers and heterodimers. *(Cancer Res. 2006 66:5201)*
(ErbB 受容体は，～のリガンド誘導性形成によって活性化される)

❹ At excitatory synapses, both NMDA and AMPA receptors are localized to the postsynaptic density (PSD). *(J Neurosci. 2004 24:6383)*
(NMDA 受容体と AMPA 受容体の両方が，シナプス後膜肥厚に局在する)

domain 【ドメイン】【名詞】102625

domain	73484
domains	29141

domain はタンパク質の一部であり，機能的あるいは構造的な単位を表す．

◆ domain と共によく使われる動詞

●性質に関する表現

		用例数
be required	必要とされる	372
contain ～	～を含む ❶	276
be necessary	必要である ❷	163
interact with ～	～と相互作用する ❸	153
play ～	～を果たす	151
mediate ～	～を仲介する ❹	141
form ～	～を形成する ❺	135
bind to ～	～に結合する	121
be involved in ～	～に関与している	69
be present	存在する	64
adopt ～	～の形をとる	58
contribute to ～	～に寄与する	58
act	作用する	58
be located	位置する ❻	57
consist of ～	～から成る	54
fail to ～	～することができない	54

●同定に関する動詞

be found	見つけられる	151
be identified	同定される	86

●解釈・結果に関する表現

be sufficient	十分である	134
be essential for ～	～に必須である	118
appear ～	～のようである	105
be responsible for ～	～に責任がある	84
be critical	決定的に重要である	77
be important	重要である	76
be shown	示される	50

◆文の組み立て例

「その膜貫通ドメインは，シグナル伝達のために必要とされる」
→ The transmembrane domain is required for signaling.
　　　　　　　　　 S ＋ V

例文

❶ The DDR1 transmembrane domain contains two putative dimerization motifs, a leucine zipper and a GXXXG motif. *(J Biol Chem. 2006 281:22744)*
(DDR1 の膜貫通ドメインは，2 つの推定上の二量体形成モチーフを含んでいる)

❷ The Rb pocket domain is necessary for E2F binding, but the Rb C–terminal domain (RbC) is also required for growth suppression. *(Cell. 2005 123:1093)*
(Rb ポケットドメインは，E2F 結合のために必要である)

❸ The DEP domain interacts with the membrane anchoring protein, R7BP. *(Biochemistry. 2007 46:6859)*
(DEP ドメインは，膜アンカータンパク質 R7BP と相互作用する)

❹ The results within this study provide direct evidence that the I domain mediates protein–protein interactions between Gag molecules. *(J Virol. 2004 78:1230)*
(I ドメインは，～の間のタンパク質 - タンパク質相互作用を仲介する)

❺ The ENT domain forms a homodimer via the anti-parallel packing of the extended N-terminal α–helix of each molecule. *(J Mol Biol. 2005 350:964)*
(ENT ドメインは，ホモ二量体を形成する)

❻ All F-actin binding domains are located in the basic C-terminal half and correspond to the caldesmon and villin headpiece homologous regions. *(J Mol Biol. 2005 350:964)*
(すべての F- アクチン結合ドメインは，C 末端半分に位置する)

complex (複合体) 【名詞】95123

complex	70645
complexes	24478

complex は，タンパク質同士あるいはタンパク質と他の成分との複合体を意味する．

◆ complex と共によく使われる動詞

●性質に関する動詞

		用例数
contain ～	～を含む ❶	288
be formed	形成される ❷	191
be required	必要とされる ❸	165
form	形成する	157
play ～	～を果たす	126
bind to ～	～に結合する	73
be composed of ～	～で構成されている	64
be involved in	～に関与している	56
be associated with ～	～と関連している	56
be assembled	構築される	55

●同定に関する動詞

be found	見つけられる	191
be detected	検出される	82
be observed	観察される	71

●解釈・結果に関する表現

appear ～	～のようである	105
be essential for ～	～に必須である	54

例文

❶ The dynein **complex contains** six subunits, including three classes of light chains. *(J Biol Chem. 2007 282:11205)*
(ダイニン複合体は，6 つのサブユニットを含む)

❷ Crystalline ligand-protein **complexes were formed by** cocrystallization or by the soaking in/soaking out method. *(Biochemistry. 2002 41:10741)*
(結晶性のリガンド−タンパク質，複合体が共結晶化によって形成された)

❸ The MRN **complex is required for** cellular DNA double-strand break repair and induction of the DNA damage response by adenovirus infection. *(J Virol. 2007 81:575)*
(MRN 複合体は，細胞の DNA 二重鎖切断の修復のために必要とされる)

factor (因子) 【名詞】124078

factor	78696
factors	45382

factor は，transcription factor や growth factor の用例が非常に多い．固有名詞以外は複数形の用例が多い．

◆ factor と共によく使われる動詞

●性質に関する動詞

		用例数
play ～	～を果たす ❶	259
regulate ～	～を制御する ❷	162
be required	必要とされる	162
include ～	～を含む ❸	139

be expressed	発現される	85
control 〜	〜を制御する	81
be associated with 〜	〜と関連している ❹	77
be involved in 〜	〜に関与する	74
bind to 〜	〜に結合する	66

●同定に関する動詞
be found	見つけられる	67
be identified	同定される	76

●解釈・結果に関する表現
appear 〜	〜のようである	82
be important	重要である	80

例文

❶ Transcription **factors play** a key role in integrating and modulating biological information. *(Proc Natl Acad Sci USA. 2007 104:16245)*
（転写因子は，〜する際に重要な役割を果たす）

❷ The Rel/NF-κB transcription **factors regulate** the expression of many genes. *(Oncogene. 1999 18:4554)*
（Rel/NF-κB 転写因子は，多くの遺伝子の発現を制御する）

❸ Risk **factors include** age, gender, race, parity, obesity, and diabetes. *(Ann Surg. 2002 235:842)*
（リスク因子は，年齢，性別，人種，出産歴，肥満症および糖尿病を含む）

❹ Most other risk **factors were associated with** breast cancer rates similarly in both groups. *(Am J Epidemiol. 2005 162:734)*
（ほとんどの他のリスク因子は，乳がん発生率と関連していた）

molecule 〈分子〉【名詞】44462

molecules	26743
molecule	17719

molecule は，タンパク質，核酸，水の分子などに対して用いられる．複数形の用例が多い．

◆ molecule と共によく使われる動詞

●性質に関する動詞　　　　　　　　　　　　　　用例数
play 〜	〜を果たす ❶	91
be expressed	発現される	68
contain 〜	〜を含む	67
form 〜	〜を形成する	52
mediate 〜	〜を仲介する ❷	49
bind to 〜	〜に結合する	48
exhibit 〜	〜を示す	47
display 〜	〜を示す	39
be involved in 〜	〜に関与する	35

●同定に関する動詞
be found	見つけられる	70
be observed	観察される	35
be detected	検出される	35

●解釈・結果に関する動詞
appear 〜	〜のようである	50

例文

❶ Signaling **molecules play** a critical role in the pathophysiology of airway diseases. *(Curr Opin Pharmacol. 2004 4:230)*
（シグナル分子は，〜の病態生理において決定的に重要な役割を果たす）

❷ Cell adhesion **molecules mediate** numerous developmental processes necessary for the segregation and organization of tissues. *(Dev Biol. 2007 310:211)*
（細胞接着分子は，多数の発生過程を仲介する）

construct （コンストラクト）【名詞／動詞】10413

construct	5389
constructs	5024

construct は，構築されたプラスミドを意味する．動詞の用例もかなり多い．

◆ construct と共によく使われる動詞

		用例数
●計画・遂行に関する動詞		
be used	使われる ❶	80
be transfected	導入される	29
be prepared	調製される	29
●性質に関する動詞		
be expressed	発現される	59
contain 〜	〜を含む	36
produce 〜	〜を産生する	31
inhibit 〜	〜を抑制する	30

例文

❶ Epitope-tagged **constructs were used to** study expression of the two isozymes. *(J Biol Chem. 2000 275:20920)*
（エピトープタグの付いたコンストラクトが，〜の発現を研究するために使われた）

第 2 部　主語別にみる 主語-動詞の組み合わせ＋例文 500

8 章
「疾患」を主語にする文をつくる

「疾患」を意味する名詞には次のようなものがある．それぞれ修飾語がついて特定の疾患名を意味することが多い．

※名詞の分類については第 1 部 23 ページ参照

◆ 主語になる「疾患」の名詞とその使い分け

① infection（感染）	infection は，微生物の感染を意味する．ただし，必ずしも疾患に結びつくとは限らない．
② disease（疾患），disorder（疾患）	disease は，微生物や代謝異常などによって引き起こされる病気全般を意味する．disorder は，遺伝的な疾患，精神異常，代謝異常などの疾患や障害を意味する．疾患の種類によって，disease を使うか disorder 使うかがほぼ決まっているのでよく調べる必要がある．
③ defect（欠損），deficiency（欠損），dysfunction（機能障害）	defect は，身体の一部の物理的な欠損や遺伝子異常を，deficiency は遺伝的な欠損や代謝産物の欠乏などによる病的状態を意味する．欠損症には，deficiency を用いることが多い．defect と deficiency はほぼ同じ意味になることも多い．dysfunction は臓器などの機能障害を意味する．

◆「疾患」の分類の名詞と組み合わせてよく用いられる動詞

i. 性質（関連している）	be characterized / result in / lead to
ii. 解釈・結果（特徴づけられる，関連する，〜の結果になる，など）	be associated with
iii. 疾患の発生（起こる，など）	occur / be caused by

◆名詞-動詞の組合せの頻度

名詞（主語）	動詞	i. 性質		ii. 解釈・結果			iii. 発生	
		と関連している be associated with	特徴づけられる be characterized by	の結果になる result in	につながる lead to	引き起こす cause	起こる occur	によって引き起こされる be caused by
infection	感染	267	55	214	93	86	210	12
disease	疾患	160	156	41	16	25	101	135
disorder	疾患	78	36	8	5	3	23	24
defect	欠損	61	5	37	19	27	55	28
deficiency	欠損	72	5	179	121	78	21	7
dysfunction	機能異常	53	4	12	23	7	65	3

■使いこなしのポイント■

以下のようなパターンをマスターしよう．

前置詞を後ろに伴う受動態表現

disease is caused by ～（疾患は～によって引き起こされる）

defects were observed in ～（欠損が～において観察された）

infection (感染) 【名詞】 54843

infection	45725
infections	9118

infection は，微生物の感染を意味する．人や動物だけでなく，細胞に感染する場合にもよく使われる．

◆ infection と共によく使われる動詞

● 性質に関する動詞

		用例数
induce ～	～を誘導する ❶	297
be associated with ～	～と関連している ❷	267

● 解釈・結果に関する動詞

result in ～	～という結果になる ❸	214
lead to ～	～につながる ❹	93
cause ～	～を引き起こす ❺	86
be characterized by ～	特徴づけられる	55

● 発生・同定に関する動詞

occur	起こる ❻	210
be common	よくある	60
be established	確立される	44
be identified	同定される	44

◆ 冠詞
無冠詞の用例がかなり多い．

例文

❶ WNV **infection induced** caspase 3 activation and apoptosis in the brains of wild-type mice. *(J Virol. 2007 81:2614)*
（WNV 感染は，カスパーゼ 3 の活性化とアポトーシスを誘導した）

❷ Epstein–Barr virus (EBV) **infection is associated with** a broad spectrum of disease. *(J Clin Microbiol. 2007 45:2151)*
〔エプスタイン・バーウイルス(EBV)感染は，広範囲の疾患と関連している〕

❸ The neonatal **infection resulted in** severe CNS disease by 3-4 weeks after infection. *(Proc Natl Acad Sci USA. 1997 94:4659)*
（新生児感染は，重篤な中枢神経疾患という結果になった）

❹ HIV **infection leads to** a decrease in thymic function that can be measured in the peripheral blood and lymphoid tissues. *(Nature. 1998 396:690)*
（HIV 感染は，胸腺機能の低下につながる）

❺ Hepatitis C virus (HCV) **infection causes** chronic liver disease and is a worldwide health problem. *(Nat Protoc. 2006 1:2334)*
〔C 型肝炎ウイルス(HCV)感染は，慢性肝疾患を引き起こす〕

❻ **Infection occurred in** 45 of 100 patients during CYC therapy. *(Arthritis Rheum. 1996 39:1475)*
（感染が，CYC 治療の間に 100 人中 45 人の患者で起こった）

disease （疾患）【名詞／動詞】89328

disease	76298
diseases	13030

disease は，さまざまな原因で起こる病気全般を意味する．Alzheimer's disease などのように病名としても用いられる．

◆ disease と共によく使われる動詞

		用例数
●解釈・結果に関する動詞		
be characterized by 〜	〜によって特徴づけられる ❶	156
result in 〜	〜という結果になる	41
be defined	定義される	39
●性質に関する動詞		
be associated with 〜	〜と関連する	160
be unknown	知られていない	53
●発生・同定に関する動詞		
be caused by 〜	〜によって引き起こされる ❷	135
occur	起こる	101

◆冠詞
病名は，通常，無冠詞になる．

例文

❶ Alzheimer's **disease is characterized by** two primary pathological features: amyloid plaques and neurofibrillary tangles. *(Proc Natl Acad Sci USA. 2006 103:12867)*
（アルツハイマー病は，2つの主要な病理学的特色によって特徴づけられる）

❷ Carrion's **disease is caused by** infection with the α-proteobacterium Bartonella bacilliformis. *(J Clin Microbiol. 2004 42:3675)*
（カリオン病は，α-プロテオバクテリア・バルトネラ・バシリホルミスの感染によって引き起こされる）

disorder （疾患／障害）【名詞／動詞】20958

disorder	10920
disorders	10038

disorder は，遺伝的な疾患，精神異常，代謝異常などの疾患や障害を意味する．疾患の種類によって disease との使い分けがある．

◆ disorder と共によく使われる動詞

		用例数
●性質に関する動詞		
be associated with 〜	〜と関連している ❶	78
●解釈・結果に関する表現		
be due to 〜	〜のせいである	49
be characterized by 〜	特徴づけられる	36

◆冠詞
病名は，通常，無冠詞になる．一方で，複数形の用例が半数近くもあるという特徴もある．

例文

❶ Binge eating **disorder is associated with** obesity. *(Am J Psychiatry. 2003 160:255)*
（過食症は，肥満と関連している）

defect （欠損／欠陥）【名詞】21966

defects	13626
defect	8340

defect は，身体の一部の物理的な欠損や遺伝子欠陥を意味する．複数形の用例が多い．

◆ defect と共によく使われる動詞

		用例数
●発生・同定に関する動詞		
be observed	観察される ❶	85
occur	起こる	55
●解釈・結果に関する動詞		
appear 〜	〜のようである	43
be rescued	救出される ❷	42
result in 〜	〜という結果になる	37
●性質に関する動詞		
be associated with 〜	〜と関連している	61
include 〜	〜を含む ❸	38

例文

❶ No obvious **defects were observed in** most p53 wild-type cells during the first few cell cycles. *(Cancer Res. 2005 65:2698)*
（明らかな欠損は，ほとんどの p53 野生型細胞には観察されなかった）

❷ These **defects were rescued by** overexpression of Delta-1 on thymocytes. *(J Immunol. 2005 174:6732)*
（これらの欠損は，〜の過剰発現によって救出された）

❸ Skeletal **defects include** deficient mineralization, osteoporosis, and abnormal compact bone development. *(Mol Cell Biol. 2002 Jun;22(11):3864)*
（骨格の欠損には，欠損した石灰化，骨粗鬆症，および異常な緻密骨発育がある）

deficiency （欠損/欠損症）【名詞】8760

deficiency	7749
deficiencies	1011

deficiency は遺伝的な欠損や代謝産物の欠乏などによる病的状態を意味する．「〜欠損症」という病名には，deficiency が用いられることが多い．

◆ deficiency と共によく使われる動詞

		用例数
●結果に関する動詞		
result in 〜	〜という結果になる ❶	179
lead to 〜	〜につながる ❷	121
cause 〜	〜を引き起こす	78
●性質に関する動詞		
be associated with 〜	〜と関連している	72
include 〜	〜を含む	38
●変化に関する動詞		
increase 〜	〜を増大させる ❸	42
enhance 〜	〜を増強する	32
reduce 〜	〜を低下させる	29
impair 〜	〜を損なう	25

◆冠詞
病名は，通常，無冠詞になる．

例文

❶ Here we showed that Cbl **deficiency results in** a reduction of B cell proliferation. *(J Biol Chem. 2004 279:43646)*
（Cbl 欠損は，B 細胞増殖の低下という結果になる）

❷ Genomic profiling reveals that PPAR γ **deficiency leads to** increased expression of lipid oxidation enzymes in the lactating mammary gland. *(Genes Dev. 2007 21:1895)*
（PPAR γ 欠損は，脂質酸化酵素の増大した発現につながる）

❸ Zinc **deficiency increased** mZIP4 protein levels at the plasma membrane, and this was associated with increased zinc uptake. *(J Biol Chem. 2004 279:4523)*
（亜鉛欠損は，mZIP4 タンパク質レベルを増大させた）

---

dysfunction （機能障害）【名詞】8048

dysfunction	7935
dysfunctions	113

dysfunction は，臓器や細胞の器官などの機能障害を意味する．

◆ dysfunction と共によく使われる動詞

		用例数
●発生・同定に関する動詞		
occur	起こる ❶	65
●性質に関する動詞		
be associated with ～	～と関連する	53
●解釈・結果に関する動詞		
contribute to ～	～に寄与する	35

◆冠詞
無冠詞の用例が多い．

例文

❶ Neutrophil (PMN) **dysfunction occurs in** HIV infection. *(J Clin Invest. 1998 102:663)*
〔好中球(PMN)機能障害は，HIV 感染において起こる〕

Column

result in, lead to, cause の使い分け

result in, lead to, cause はいずれも疾患などの結果，何が起こったかを述べるために使われる．それぞれの単語の意味は全く異なるが，表している内容はほとんど同じである．繰り返しを避けるための言い換えの表現として用いるとよいであろう．

第2部　主語別にみる 主語-動詞の組み合わせ＋例文 500

9章
「処理・治療」を主語にする文をつくる

「処理・治療」の名詞は，病気の治療および実験のための処理の2つの意味で用いられる．treatment には2つの意味があるが，他の名詞には，それぞれどちらかの意味しかない．処理によって何かを変化させるというパターンが多いのが特徴である．

※名詞の分類については第1部 23 ページ参照

◆主語になる「処理・治療」の名詞とその使い分け

① treatment（処理／治療），therapy（治療）	treatment は，実験で行う薬剤などによる処理と病気の治療の2種類の意味がある．therapy は，病気を治療を意味する．
② stimulation（刺激），stimulus（刺激）	stimulation は刺激する行為を指し，stimulus は刺激そのものを意味する．

◆「処理・治療」の分類の名詞と組み合わせてよく用いられる動詞

i. 結果（結果になる，など）	result in / lead to / cause / evoke / induce / increase / reduce
ii. 変化（増大する，低下する，など）	induce / increase / reduce
iii. 性質（関連している，含む，など）	be associated with / include
iv. 計画・遂行（開始される，中断される）	be initiated / be discontinued

　induce は apoptosis, activation, expression, changes, phosphorylation などを誘導する．一方，evoke は電気生理学などでよく用いられる言葉で，response, potential, release などを誘起する．cause は，induce に近い意味で用いられることもあるが，an increase, disease などもっと広い意味でいろいろなことを引き起こす場合に用いられる．

◆名詞-動詞の組み合わせの頻度

名詞（主語）		動詞	i. 結果				ii. 変化			iii. 性質
			の結果になる result in	につながる lead to	引き起こす cause	誘起する evoke	誘導する induce	増大させる increase	低下させる reduce	と関連している be associated with
treatment	処置/治療		606	202	217	2	367	362	227	146
therapy	治療		118	34	12	0	57	62	93	197
stimulation	刺激		150	67	83	93	252	128	16	17
stimulus	刺激		22	15	35	28	73	31	8	5

名詞（主語）		動詞	iii. 性質	iv. 計画・遂行	
			含む include	開始される be initiated	中断される be discontinued
treatment	処置/治療		73	58	38
therapy	治療		65	40	32
stimulation	刺激		3	3	0
stimulus	刺激		9	0	0

■使いこなしのポイント■

以下のようなパターンをマスターしよう．

1. to 不定詞を後ろに伴う受動態表現

    methods were used to *do* 〜（方法が〜するために使われた）

2. 前置詞を後ろに伴う自動詞の表現

    treatment resulted in 〜（処理は〜という結果になった）

    treatment led to 〜（処理は〜につながった）

treatment （処理／治療）
【名詞】 73890　　treatment　69161　　treatments　4729

treatmentは，実験で行う薬剤などによる処理と病気の治療の2種類の意味で用いられる．

◆ treatment と共によく使われる動詞

●解釈・結果に関する動詞　　　　　　　　　　　用例数
result in 〜	〜という結果になる ❶	606
cause 〜	〜を引き起こす	217
lead to 〜	〜につながる ❷	202
produce 〜	〜を産生する	122
prevent 〜	〜を防ぐ	86
show 〜	〜を示す	81

●変化に関する動詞
induce 〜	〜を誘導する ❸	367
increase 〜	〜を増大させる ❹	362
reduce 〜	〜を低下させる ❺	227
decrease 〜	〜を低下させる	134
inhibit 〜	〜を抑制する	139

●性質に関する動詞
be associated with 〜	〜と関連している	146
include 〜	〜を含む	73

●計画・遂行に関する動詞
be initiated	開始される	58
be discontinued	中断される ❻	38
be given	与えられる	35

◆冠詞
無冠詞の用例がかなり多い．

例文

❶ ShRNA **treatment resulted in** suppression of c-Met and HGF mRNA and protein compared with that in controls. *(Hepatology. 2007 45:1471)*
（shRNA 処理は，〜の抑制という結果になった）

❷ We then show that CGS **treatment leads to** a decrease in CGRP mRNA levels in the CA77 cells. *(J Neurosci. 1997 17:9545)*
（CGS 処理は，CGRP mRNA レベルの低下につながる）

❸ RA **treatment induces** apoptosis, countered by basic FGF (bFGF). *(J Cell Biol. 2005 170:305)*
（RA 処理は，アポトーシスを誘導する）

❹ Further, MTI **treatment increased** phosphorylation of p53 on serine-15 in epithelial tumor cells. *(Oncogene. 2001 20:113)*
（MTI 処理は，p53 のリン酸化を増大させた）

❺ Furthermore, endostatin **treatment reduced** the number of malignant lesions per mouse. *(Cancer Res. 2000 60:4362)*
（エンドスタチン処理は，〜の数を低下させた）

❻ Subsequently, the parental 415F strain reemerged in some patients after the **treatment was discontinued**. *(Hepatology. 2003 38:869)*
（治療が中断されたあと）

therapy （治療／療法）【名詞】34748

therapy	30044	
therapies	4704	

「○○療法／○○治療」の形では，treatment よりよく使われる．

◆ therapy と共によく使われる動詞

●変化に関する動詞		用例数
reduce ～	～を低下させる ❶	93
increase ～	～を増大させる	62
induce ～	～を誘導する	57

●解釈・結果に関する動詞		
result in ～	～という結果になる	118
remain ～	～のままである	80
improve ～	～を改善する	75
provide ～	～を提供する	51
appear ～	～のようである	61

●性質に関する動詞		
be associated with ～	～と関連している ❷	197
include ～	～を含む ❸	65

●計画・遂行に関する動詞		
be initiated	開始される ❹	40
be discontinued	中断される	32

◆文の組み立て例
「放射線療法が実施された」
→ Radiation therapy was administered.
　　　　　　　　S　　　　　+　　V
◆冠詞
無冠詞の用例がかなり多い．

例文

❶ Aspirin **therapy reduces** the risk of cardiovascular disease in adults who are at increased risk. *(JAMA. 2006 295:306)*
（アスピリン治療は，循環器疾患のリスクを低下させる）

❷ In one placebo-controlled study, azithromycin **therapy was associated with** more rapid diminution in size of infected lymph nodes. *(Curr Opin Pediatr. 2001 13:56)*
（アジスロマイシン治療は，～の大きさのより急速な減少と関連していた）

❸ Initial **therapy included** combination chemotherapy and surgery. *(J Clin Oncol. 2003 21:342)*
（初期治療は，多剤併用化学療法と外科手術を含んでいた）

❹ MTX **therapy was initiated** at 7.5 mg/week and was increased every 4-6 weeks until a therapeutic response was achieved. *(J Clin Oncol. 2003 21:342)*
（MTX 治療は，週 7.5 mg で開始された）

stimulation （刺激）【名詞】24737

stimulation	24629	
stimulations	108	

stimulation は刺激する行為を指し，insulin stimulation（インスリン刺激）などの熟語の形でよく使われる．この場合は，「インシュリンによる刺激」という意味になる．

◆ stimulation と共によく使われる動詞

●変化に関する動詞		用例数
induce ～	～を誘導する ❶	252
increase ～	～を増大させる ❷	128
activate ～	～を活性化する	58

●結果に関する動詞
result in ~	~という結果になる ❸	150
evoke ~	~を誘起する ❹	93
cause ~	~を引き起こす	83
lead to ~	~につながる	67

●性質に関する動詞
require ~	~を必要とする	47

◆文の組み立て例
「インシュリン刺激は，~を誘導した」
→ Insulin stimulation induced ~.
　　　　S　　　　　　V

◆冠詞
無冠詞の用例がかなり多い．

例文

❶ HIMF **stimulation induced** BTK autophosphorylation, which peaked at 2.5 min. *(FASEB J. 2007 21:1376)*
（HIMF 刺激は，BTK 自己リン酸化を誘導した）

❷ Eph B4 receptor **stimulation increased** activation of both matrix metalloproteinase-2 and -9. *(J Biol Chem. 2002 277:43830)*
（Eph B4 受容体刺激は，~の活性化を増大させた）

❸ Cell **stimulation resulted in** activation of 5-LO, as evidenced by its translocation to membranes and LTC4 synthesis. *(J Immunol. 1999 162:1669)*
（細胞刺激は，5-LO の活性化という結果になった）

❹ Extracellular **stimulation evoked** Ca^{2+} transients in axons when applied either directly over the axon or lateral to the axons. *(J Neurosci. 1999 19:193)*
（細外胞刺激は，Ca^{2+} トランジェント誘起した）

stimulus 【刺激】【名詞】14679

stimuli	8591
stimulus	6088

stimulation と違って stimulus は刺激そのものを意味する．apoptotic stimuli（アポトーシス性刺激）のような形でよく用いられる．複数形の用例が多いという特徴もある．

◆ stimulus と共によく使われる動詞

●変化に関する動詞　　　　　　　　　　　　　　　　用例数
induce ~	~を誘導する ❶	73
Increase ~	~を増大させる	31

●結果に関する動詞
cause ~	~を引き起こす ❷	35
evoke ~	~を誘起する	28

●計画・遂行に関する動詞
be presented	与えられる ❸	52
be applied	適用される	32

例文

❶ Interestingly, apoptotic **stimuli induced** nuclear export of cIAP1, which was blocked by a chemical caspase inhibitor. *(Cancer Res. 2005 65:210)*
（アポトーシス性刺激は，cIAP1 の核外輸送を誘導した）

❷ At phases near the PER2 nadir, on the other hand, the same **stimuli cause** large phase shifts but dampen rhythm amplitude. *(Proc Natl Acad Sci USA. 2007 104:20356)*
（同じ刺激が，大きな位相シフトを引き起こした）

❸ Response habituation was observed when visual **stimuli were presented** at 0.5 s intervals, but this was not affected by DHPG or 4CPG. *(J Physiol. 2002 541:895)*
（視覚刺激が，0.5 秒間隔で与えられた）

第2部　主語別にみる 主語-動詞の組み合わせ＋例文500

10章
「場所」を主語にする文をつくる

論文で用いられる「場所」は，遺伝子上の位置やタンパク質上での位置を示すときに用いられることが多い．

※名詞の分類については第1部23ページ参照

◆ 主語になる「場所」の名詞とその使い分け

① site（部位／場所），region（領域），locus（座位）	site は，場所を表す名詞の中でも最も一般的に用いられる．region はある範囲の領域を，locus は主に染色体上での位置を示すために用いられることが多い．
② residue（残基）	residue はタンパク質中のアミノ酸残基を意味する．

◆ 「場所」の分類の名詞と組み合わせてよく用いられる動詞

i. 同定（見つけられる，マップされるなど）	be found / be identified / be mapped
ii. 性質（位置する，必要とされる，含むなど）	be located / be required / be involved in / contain / be conserved
iii. 計画・遂行（変異させられる，置換される）	be mutated / be replaced

　be replaced, be substituted, be mutated は遺伝子組換え操作によって，DNA 塩基を別の配列に置き換えるときに用いられる．実際に変異させるのは DNA だが，結果としてアミノ酸配列が変化するのでアミノ酸残基に対しても使われる．be replaced with 〜, be replaced by 〜, be substituted with 〜, be substituted with 〜は，いずれも「〜と置換される」という意味で使われる．一方，be substituted for 〜は，「〜の代わりに用いられる」という意味で，be substituted with 〜とは置換前と置換後の残基の位置関係が逆になる．また，be mutated to 〜は「〜に変異させられる」という意味で，be replaced with 〜とほぼ同じ意味内容になる．

◆名詞-動詞の組み合わせの頻度

名詞（主語）	動詞	i. 同定			ii. 性質				
		見つけられる be found	同定される be identified	マップされる be mapped	位置する be located	必要とされる be required	関与する be involved	含む in contain	保存されている be conserved
site	部位	159	310	96	269	173	39	114	47
region	領域	118	98	17	52	120	58	464	21
locus	座位	43	66	46	22	31	13	69	10
residue	残基	75	74	9	107	80	69	5	64

名詞（主語）	動詞	iii. 計画・遂行	
		変異させられる be mutated	置換される be replaced
site	部位	73	30
region	領域	10	25
locus	座位	4	4
residue	残基	53	93

■使いこなしのポイント■

以下のようなパターンをマスターしよう．

前置詞を後ろに伴う受動態表現

sites were identified in ～（部位が～に同定された）

site is located within ～（部位は～内に位置する）

site was mapped to ～（部位が～にマップされた）

sites were mutated to ～（部位が～に変異させられた）

residues were replaced with ～（残基が～と置換された）

residues are conserved among ～（残基が～の間で保存されている）

site （部位／場所）【名詞】115844

site 69220
sites 46624

site は，場所を表す名詞の中でも最も一般的に用いられる．

◆ site と共によく使われる動詞

●同定に関する動詞		用例数
be identified	同定される ❶	310
be found	見つけられる	159
be present	存在する	104
be mapped	マップされる ❷	96
be observed	観察される ❸	74

●性質に関する動詞 | |
--- | --- | ---
be located | 位置する ❹ | 269
be required | 必要とされる ❺ | 173
contain ～ | ～を含む | 114
be occupied | 占められる | 76

●計画・遂行に関する動詞 | |
--- | --- | ---
be mutated | 変異させられる ❻ | 73

◆英文の組み立て例
「活性部位は，～に位置する」
→ The active site is located at ～.
　　　　　　　S ＋ V

例文

❶ Two potential caspase-3 cleavage **sites were identified in** the N-terminal transactivation domain. *(J Biol Chem. 2006 281:10682)*
（2 つの潜在的なカスパーゼ 3 切断部位が，N 末端トランス活性化ドメイン内に同定された）

❷ The interaction **site was mapped to** a region within the DNA-binding CG-1 domain. *(Mol Microbiol. 1997 24:465)*
（相互作用部位が，DNA 結合 CG-1 ドメイン内の領域に位置づけられた）

❸ No metal-binding **site is observed in** Y4. *(Proc Natl Acad Sci USA. 2001 98:10073)*
（金属結合部位は，Y4 には観察されない）

❹ Here we show that the PulS-binding **site is located within** the C-terminal 65 residues of PulD. *(Mol Microbiol. 1997 24:465)*
（PulS 結合部位は，PulD の C 末端 65 残基内に位置する）

❺ Further characterization indicated that an intact AP-1 **site was required for** full Pitx-1 responsiveness. *(Mol Cell Biol. 2004 24:6127)*
（インタクトな AP-1 部位が，完全な Pitx-1 応答性のために必要とされた）

❻ A mutant PKC in which autophosphorylation **sites were mutated to** alanine (PKC-DA) was resistant to ceramide. *(FASEB J. 2001 15:2401)*
（自己リン酸化部位が，アラニンに変異させられた）

region （領域）【名詞】89175

region 57000
regions 32175

region は，ある範囲の領域を意味するために用いられる．

◆ region と共によく使われる動詞

●性質に関する動詞		用例数
contain ～	～を含む ❶	464
be required	必要とされる ❷	120
include ～	～を含む	80

be involved in ~	~に関与する	58
be located	位置する	52
●解釈・結果に関する動詞		
show ~	~を示す ❸	227
be important	重要である	68
be sufficient	十分である	61
be essential for ~	~に必須である	51
be necessary	必要である	48
●同定に関する動詞		
be found	見つけられる ❹	118
be identified	同定される	98
be observed	観察される	37
be cloned	クローン化される	34

◆英文の組み立て例

region containing, region including の用例も非常に多い.
「TATA ボックスを含むコア領域」
→ a core region containing the TATA box

例文

❶ The core promoter region contains two functional E2F transcription factor binding sites. *(J Biol Chem. 2007 282:2130)*
（コアプロモーター領域は，2 つの機能的な E2F 転写因子結合部位を含む）

❷ Thus, Runx2 regulates normal osteoblast proliferation, and the COOH-terminal region is required for this biological function. *(Cancer Res. 2003 63:5357)*
（カルボキシ末端領域は，この生物学的機能のために必要とされる）

❸ Sham-operated right femoral regions showed no radiotracer accumulation. *(J Nucl Med. 2006 47:868)*
（偽手術された右大腿領域は，放射性トレーサ集積を示さなかった）

❹ This region was found to be essential for cell death suppression activity. *(J Virol. 2005 79:14923)*
（この領域が，細胞死抑制活性のために必須であることが見つけられた）

locus （座位／部位）【名詞】21918

locus	13094
loci	8824

locus は，主に染色体上での位置を示すために用いられる．

◆ locus と共によく使われる動詞

		用例数
●同定に関する動詞		
be identified	同定される ❶	66
be mapped	マップされる ❷	46
be found	見つけられる	43
●性質に関する動詞		
encode ~	~をコードする ❸	159
contain ~	~を含む ❹	69

例文

❶ Genetic linkage analysis excluded known loci, and a novel locus was identified on chromosome 10p12-p14. *(Am J Hum Genet. 2000 66:148)*
（新規の座位が，染色体 10p12-p14 に同定された）

❷ The lop11 locus was mapped to mouse chromosome 8. *(Genomics. 2006 88:44)*
（lop11 座位が，マウスの 8 番染色体にマップされた）

❸ The Kdrb **locus encodes** a 1361-amino acid transmembrane receptor with strong homology to mammalian KDR. *(Blood. 2007 110:3627)*
(Kdrb 座位は，1361 アミノ酸の膜貫通受容体をコードする)

❹ The 8-miR **locus contains** a cluster of eight distinct miRNAs that are transcribed in a common precursor RNA. *(Proc Natl Acad Sci USA. 2005 102:15907)*
(8-miR 座位は，〜のクラスターを含む)

residue 〔残基〕【名詞】53151

residues 38356
residue 14795

residue は，タンパク質中のアミノ酸残基を意味する．

◆ residue と共によく使われる動詞

		用例数
●同定に関する動詞		
be located	位置する ❶	107
be found	見つけられる	75
be identified	同定される	74
●性質に関する動詞		
play 〜	〜を果たす ❷	107
be required	必要とされる	80
be involved in 〜	〜に関与する ❸	69
be conserved	保存されている ❹	64
●計画・遂行に関する動詞		
be replaced	置換される ❺	93
be mutated	変異させられる	53
be substituted	置換される	47
●解釈・結果に関する表現		
be important	重要である	99
be essential for 〜	〜に必須である	59

例文

❶ Key ligand binding **residues are located** at the C-terminal end of the β 9 strand. *(Mol Pharmacol. 2003 64:650)*
(重要なリガンド結合残基は，〜の C 端末側終端に位置する)

❷ Tryptophan (Trp) **residues play important roles in** many proteins. *(Biochemistry. 2007 46:10899)*
〔トリプトファン (Trp) 残基は，多くのタンパク質において重要な役割を果たす〕

❸ All these **residues are involved in** the FlhD/FlhC interaction with the exception of Ser-82, Arg-83 and Val-84. *(J Mol Biol. 2005 352:253)*
(これらの残基すべてが，FlhD/FlhC 相互作用に関与する)

❹ These **residues are conserved among** all strains of SV as well as those of its counterpart, human parainfluenza virus type 1. *(J Virol. 1998 72:9747)*
(これらの残基は，SV のすべての株の間で保存されている)

❺ Proline **residues were replaced with** alanine, both singly and in various combinations. *(J Mol Biol. 2005 352:253)*
(プロリン残基が，アラニンと置換された)

第2部　主語別にみる 主語-動詞の組み合わせ＋例文500

11章
「変化」を主語にする文をつくる

「変化」の名詞は，変化，増大，低下，抑制，欠失などを意味するものがある．性質を表す動詞が用いられることが多い．　　　　　　※名詞の分類については第1部23ページ参照

◆ 主語になる「変化」の名詞とその使い分け

① change（変化），alteration（変化），shift（シフト／変化）	「変化」を意味する名詞としては change が，次いで alteration よく用いられる．shift は物理的な移動が伴う場合に使われる．
② increase（増大），enhancement（増強），induction（誘導），activation（活性化）	increase, enhancement, induction, activation はそれぞれ意味が異なるが比較的近い事象を表すため，組み合わされる動詞が似ている．
③ decrease（低下），reduction（低下）	decrease, reduction は，ほぼ同じ意味で用いられる．
④ inhibition（抑制），repression（抑制），suppression（抑制）	inhibition, repression, suppression は，「抑制」という意味で，上記の語と似ているが少し異なる．inhibition は酵素活性の抑制など，repression と suppression は遺伝子発現の抑制などに用いられる．
⑤ loss（損失），deletion（欠失）	loss は「損失」，deletion は「欠失」を意味する．

◆「変化」の分類の名詞と組み合わせてよく用いられる動詞

i. 発生・同定（起こる，観察される，見つけられる，など）	occur / be observed / be found / be seen / be detected
ii. 性質（関連している，必要とされる，など）	be associated with / correlate with / require / be mediated / involve / be accompanied by
iii. 解釈・結果（示唆する，〜の結果になる，など）	suggest / appear / result in / lead to
iv. 変化（増大する，抑制される，など）	increase / be blocked / be inhibited

◆名詞-動詞の組み合わせの頻度

名詞（主語）	動詞	i. 発生・同定					ii. 性質		
		起こる occur	観察される be observed	見つけられる be found	見られる be seen	検出される be detected	と関連している be associated with	と相関する correlate with	必要とする require
change	変化	538	376	98	93	68	150	53	20
alteration	変化	42	24	21	7	13	25	9	3
shift	シフト／変化	34	36	7	3	8	10	6	2
increase	増大	87	127	37	55	10	30	17	3
enhancement	増強	23	45	12	25	2	11	8	16
induction	誘導	83	42	10	13	5	24	27	70
activation	活性化	278	125	45	32	30	102	96	311
decrease	低下	44	47	11	14	3	21	12	3
reduction	低下	67	51	18	24	2	27	23	14
inhibition	抑制	125	127	20	24	10	71	46	70
repression	抑制	35	9	0	1	0	10	8	51
suppression	抑制	27	24	6	3	0	14	9	23
loss	損失	101	43	17	8	18	43	19	7
deletion	欠失	54	21	47	2	36	17	4	3

名詞（主語）	動詞	ii. 性質			iii. 解釈・結果			
		仲介される be mediated	含む involve	を伴う be accompanied by	示唆する suggest	ようである appear	の結果になる result in	につながる lead to
change	変化	18	32	90	49	61	65	37
alteration	変化	2	2	11	8	13	17	7
shift	シフト／変化	1	4	6	7	2	8	2
increase	増大	10	5	17	4	16	5	2
enhancement	増強	4	6	2	5	5	4	3
induction	誘導	36	13	13	7	24	27	14
activation	活性化	111	84	34	43	67	165	138
decrease	低下	2	0	13	2	6	1	2
reduction	低下	5	2	12	3	10	13	7
inhibition	抑制	88	32	23	18	48	64	45
repression	抑制	31	29	2	2	16	5	1
suppression	抑制	23	10	3	3	9	9	2
loss	損失	1	9	12	5	21	29	24
deletion	欠失	4	9	6	8	19	83	20

名詞（主語）	動詞	iv. 変化		
		増大する／増大させる increase	ブロックされる be blocked	抑制される be inhibited
change	変化	37	16	12
alteration	変化	8	2	1
shift	シフト／変化	9	3	0
increase	増大	2	44	27
enhancement	増強	9	5	6
induction	誘導	8	31	32
activation	活性化	109	84	93
decrease	低下	0	5	2
reduction	低下	11	0	5
inhibition	抑制	80	22	0
repression	抑制	4	3	1
suppression	抑制	5	8	0
loss	損失	33	3	3
deletion	欠失	18	1	0

■使いこなしのポイント■

以下のようなパターンをマスターしよう.

1. 前置詞を後ろに伴う自動詞の表現

changes occur in 〜（変化は〜において起こる）

activation resulted in 〜（活性化は〜という結果になった）

activation leads to 〜（活性化は〜につながる）

2. 前置詞を後ろに伴う受動態表現

changes were observed in 〜（変化が〜において観察された）

changes were found in 〜（変化が〜において見つけられた）

changes were accompanied by 〜（変化は〜を伴っていた）

changes were associated with 〜（変化は〜と関連していた）

activation is required for 〜（活性化は〜のために必要とされる）

change (変化) 【名詞】 71106

changes 48533
change 22573

changes in ～ の用例が非常に多いが，主語になることはそれほど多くない．複数形の用例が多い．

◆ change と共によく使われる動詞

●発生・同定に関する動詞			用例数
occur	起こる ❶		538
be observed	観察される ❷		376
be found	見つけられる ❸		98
be seen	見られる ❹		93
be detected	検出される ❺		68
be identified	同定される		41

●性質に関する動詞 | | |
---|---|---|---
be associated with ～ | ～と関連している ❻ | | 150
be accompanied by ～ | ～を伴う ❼ | | 90
correlate with ～ | ～と相関する | | 53
indicate ～ | ～を示す | | 44
reflect ～ | ～を反映する | | 36

●解釈・結果に関する動詞 | | |
---|---|---|---
result in ～ | ～という結果になる | | 65
appear ～ | ～のようである | | 61
suggest ～ | ～を示唆する | | 49
affect ～ | ～に影響を与える | | 47

◆英文の組み立て例

no change, no significant change の用例がかなり多い．
「変化は観察されなかった」
→ No changes were observed.
　　　S 　＋ 　V

例文

❶ It is unclear whether similar **changes occur in** other forms of steatohepatitis. (Hepatology. 2004 40:386)
（類似の変化が他の型の脂肪性肝炎に起きるかどうかは明らかでない）

❷ No **changes were observed in** left ventricular function. (Diabetes. 2005 54:204)
（左心室機能に変化は観察されなかった）

❸ No significant **changes were found in** the control group. (Am J Clin Nutr. 2002 76:57)
（対照群に有意な変化は見られなかった）

❹ No compensatory **changes were seen** in the expression of other calcium-handling proteins. (J Biol Chem. 2006 281:3972)
（～の発現に代償性変化は見られなかった）

❺ In the Xist/Tsix domain, no obvious **change was detected in** the expression levels of the two genes in female mice. (Hum Mol Genet. 2008 17:391)
（2つの遺伝子の発現レベルに明らかな変化は検出されなかった）

❻ These **changes were associated with** increased islet mass and proliferation. (Diabetes. 2006 55:3520)
（これらの変化は増大した膵島質量と関連していた）

❼ These **changes were accompanied by** a decrease in E2F DNA binding and the accumulation of the hypophosphorylated form of Rb. (Mol Cell Biol. 1997 17:6526)
（これらの変化は E2F DNA 結合の増大を伴っていた）

alteration (変化) 【名詞】11159

alterations 8280
alteration 2879

複数形の用例が非常に多い．また，alterations in ～ の形がよく用いられる．

◆ alteration と共によく使われる動詞

●発生・同定に関する動詞		用例数
occur	起こる ❶	42
be observed	観察される	24

●性質に関する動詞		用例数
be associated with ～	～関連している	25
include ～	～を含む	24

例 文

❶ Multiple genetic alterations occur in melanoma, a lethal skin malignancy of increasing incidence. (*Nat Genet. 2005 37:745*)
(複数の遺伝的変化が，メラノーマにおいて起こる)

shift (シフト／変化) 【名詞】12496

shift 9265
shifts 3231

chemical shift，gel shift などの熟語表現が多い．

◆ shift と共によく使われる動詞

●発生・同定に関する動詞		用例数
be observed	観察される ❶	36
occur	起こる	34

例 文

❶ A single chemical shift was observed for the vast majority of atoms, suggesting a single conformation for the 7300 subunits in the 36 MDa virion in its high-temperature form. (*J Am Chem Soc. 2007 129:2338*)
(ひとつの化学シフトが，大多数の原子に観察された)

increase (増大) 【名詞／動詞】73332

increase 51316
increases 22016

increase in ～ の用例が非常に多いが，主語になることはそれほど多くない．動詞の用例が多いが，名詞としても用いられる．

◆ increase と共によく使われる動詞

●発生・同定に関する動詞		用例数
be observed	観察される ❶	127
occur	起こる	87
be seen	見られる	55

●変化に関する動詞		用例数
be blocked	ブロックされる ❷	44

例文

❶ Similar **increases were observed in** co-culture with astrocytes. （*Brain Res. 2007 1159:67*）
（類似の増大が，アストロサイトとの共培養において観察された）

❷ This **increase was blocked by** a preincubation with PD156707. （*Circ Res. 2001 89:357*）
（この増大が，PD156707 とのプレインキュベーションによってブロックされた）

enhancement （増強）【名詞】6231

enhancement	5899
enhancements	332

enhancement of ～ の用例が多いが，主語になることはそれほど多くない．

◆ enhancement と共によく使われる動詞

●発生・同定に関する動詞　　　　　　　　　　　用例数
be observed	観察される ❶	45
be seen	見られる	25
occur	起こる	23

◆冠詞
不定冠詞が用いられる用例と無冠詞単数の用例との両方がある．

例文

❶ Finally, a significant signal **enhancement is observed in** the presence of tetrabutylammonium perchlorate（TBAP）and is reported for the first time. （*Anal Chem. 2000 72:2533*）
（有意なシグナルの増強が，～の存在下において観察される）

induction （誘導）【名詞】28851

induction	28765
inductions	86

induction of ～ の用例が非常に多いが，主語になることはそれほど多くない．

◆ induction と共によく使われる動詞

●発生・同定に関する動詞　　　　　　　　　　　用例数
occur	起こる ❶	83
be observed	観察される	45

●性質に関する動詞
require ～	～を必要とする ❷	70
be dependent on ～	～に依存している	44
be mediated	仲介される	36

●変化に関する動詞
be inhibited	抑制される	32
be blocked	ブロックされる	31

例文

❶ Stress-mediated MT **induction occurred at** the transcriptional level. （*J Biol Chem. 1998 273:27904*）
（ストレスに仲介される MT の誘導は，転写レベルで起こった）

❷ This **induction required** protein synthesis because it was prevented by cycloheximide. （*J Biol Chem. 2001 276:6897*）
（この誘導は，タンパク質合成を必要とした）

activation 〔活性化〕【名詞】99653

activation 99295
activations 358

activation of ~ の用例が多いが，主語になることはそれほど多くない．

◆ activation と共によく使われる動詞

●発生・同定に関する動詞 　　　　　　　　　　　　　用例数
require ~　　　　　　~を必要とする ❶　　　　　　311
be required　　　　　必要とされる ❷　　　　　　　166
be mediated　　　　　仲介される ❸　　　　　　　　111
be associated with ~　~と関係している　　　　　　102
play ~　　　　　　　~を果たす　　　　　　　　　96
be dependent on ~　　~に依存している　　　　　　85
involve ~　　　　　　~を含む　　　　　　　　　　84
correlate with ~　　　~と相関する　　　　　　　　78
inhibit ~　　　　　　~を抑制する　　　　　　　　75
promote ~　　　　　~を促進する　　　　　　　　55
depend on ~　　　　~に依存する　　　　　　　　52

●解釈・結果に関する動詞
result in ~　　　　　~という結果になる ❹　　　　165
lead to ~　　　　　　~につながる ❺　　　　　　　138
remain ~　　　　　　~のままである　　　　　　　75
appear ~　　　　　　~のようである　　　　　　　67
contribute to ~　　　~に寄与する　　　　　　　　60

●発生・同定に関する動詞
occur　　　　　　　起こる ❻　　　　　　　　　278
be observed　　　　　観察される　　　　　　　　125

●変化に関する動詞
increase　　　　　　増大する／~を増大させる ❼　109
be inhibited　　　　　抑制される ❽　　　　　　　93
be blocked　　　　　ブロックされる　　　　　　　84
induce ~　　　　　　~を誘導する　　　　　　　　73

◆冠詞
the activation of ~ 以外は無冠詞の場合が多い．

例文

❶ AP-1 **activation required** both the DNA binding and transactivation domains of c-Rel. （*J Exp Med. 1996 184:1663*）
（AP-1 活性化は，c-Rel の DNA 結合ドメインとトランス活性化ドメインの両方を必要とした）

❷ Constitutive Notch **activation is required for** the proliferation of a subgroup of T-cell acute lymphoblastic leukemia （T-ALL）．（*Blood. 2007 110:278*）
（構成的な Notch の活性化が，~の増殖のために必要とされる）

❸ Integrin **activation is mediated by** phosphoinositol 3-kinase and is followed by an increase in integrin binding to extracellular matrix proteins. （*J Biol Chem. 2005 280:16546*）
（インテグリンの活性化は，ホスホイノシトール 3-キナーゼによって仲介される）

❹ SREBP **activation resulted in** increased transcription of the low-density lipoprotein receptor, a target gene of SREBP. （*Circ Res. 2004 95:780*）
（SREBP の活性化は，低密度リポタンパク質受容体の増大した転写という結果になった）

❺ PKR **activation leads to** inhibition of protein synthesis in the rabbit reticulocyte lysate system. （*J Virol. 1996 70:5611*）
（PKR の活性化は，タンパク質合成の抑制につながる）

❻ Chk1 activation occurs at early stages, whereas Chk2 activation occurs much later. *(J Biol Chem. 2007 282:30357)*
(Chk1 の活性化は，初期において起こる)

❼ These activations increased with age in specific PFC, but not in MTL, regions. *(Nat Neurosci. 2007 10:1198)*
(これらの活性化は，年齢と共に増大した)

❽ SREBP activation is inhibited by high levels of the SREBP-interacting proteins Insig1 or the cytosolic domain of SREBP cleavage-activating protein. *(Proc Natl Acad Sci USA. 2005 102:13129)*
(SREBP の活性化は，高レベルの SREBP 相互作用タンパク質 Insig1 によって抑制される)

decrease （低下）【名詞／動詞】26362

decrease 19318
decreases 7044

decrease in ～ の用例が非常に多いが，主語になることはそれほど多くない．動詞の用例が多いが，名詞としても用いられる．

◆ decrease と共によく使われる動詞

●発生・観察に関する動詞		用例数
be observed	観察される ❶	47
occur	起こる	44

例文

❶ At the end of the study, SC560 and BM-573 reduced atherogenesis; however, a further significant **decrease was observed in** mice receiving both drugs. *(Blood. 2007 109:3291)*
(さらに有意な低下が，両方の薬剤を受けたマウスにおいて観察された)

reduction （低下）【名詞】28579

reduction 25220
reductions 3359

reduction in ～，reduction of ～ の用例が非常に多いが，主語になることはそれほど多くない．

◆ reduction と共によく使われる動詞

●発生・同定に関する動詞		用例数
occur	起こる	67
be observed	観察される ❶	51
●性質に関する動詞		
be associated with ～	～と関連してる	27

◆冠詞
不定冠詞（a）が用いられることがかなりあるが，一方では無冠詞の場合も多く使い方が難しい．

例文

❶ A similar **reduction was observed in** the animals treated with both 5,7-DHT and TTX-impregnated implants. *(J Comp Neurol. 1998 402:276)*
(同様な低下が，～で処理された動物において観察された)

inhibition 　(抑制／阻害)　【名詞】44801

inhibition　44727
inhibitions　　74

inhibition of ～ の用例が非常に多いが，主語になることはそれほど多くない．

◆ inhibition と共によく使われる動詞

		用例数
●発生・同定に関する動詞		
be observed	観察される ❶	127
occur	起こる ❷	125
●性質に関する動詞		
be mediated	仲介される ❸	88
be associated with ～	～と関連している	71
require ～	～を必要とする	70
correlate with ～	～と相関している	46
prevent ～	～を防ぐ	43
●解釈・結果に関する動詞		
result in ～	～という結果になる	64
appear ～	～のようである	48
lead to ～	～につながる	45
●変化に関する動詞		
increase	増大する ❹	80
be reversed	逆行させられる ❺	56

◆冠詞
無冠詞の用例が非常に多いが，不定冠詞が用いられることもかなり多い．複数形の用例はほとんどない．

例文

❶ **Inhibition was observed with** high doses of all mAb except the IgG anti-FasL mAb G247-4, which is specific to a segment outside the FasL binding site. *(J Immunol. 2000 165:5487)*
（抑制が，高用量のすべての mAb で観察された）

❷ Half-maximal **inhibition occurred at** 29 μM with a Hill coefficient of 1.2. *(J Physiol. 1998 508:401)*
（最大半量の阻害が，29 μM で起こった）

❸ This **inhibition is mediated by** retinal-derived BMPs. *(Dev Biol. 2006 290:277)*
（この抑制は，網膜由来の BMP によって仲介される）

❹ We found that a 2 h **inhibition increases** the recycling pool of vesicles by 76%, with no change in the rate or total amount of dye release. *(J Neurosci. 2006 26:11333)*
（2 時間抑制は，～の再利用プールを増大させる）

❺ **Inhibition is reversed by** strong depolarization, resulting in prepulse facilitation. *(Mol Pharmacol. 2004 66:761)*
（抑制は，強い脱分極によって逆行させられる）

repression　(抑制)　【名詞】7571

repression　7568
repressions　　3

transcriptional repression などの熟語表現が多い．

◆ repression と共によく使われる動詞

		用例数
●性質に関する動詞		
require ～	～を必要とする ❶	51
be mediated	仲介される	31
●発生に関する動詞		
occur	起こる	45

◆冠詞
無冠詞の用例が多い．複数形はほとんど用いられない．

例文

❶ PTEN-mediated **repression requires** its lipid phosphatase activity and is independent of the p53 status of the cell. （*Mol Cell Biol. 2005 25:6899*）
（PTEN に仲介される抑制は，そのリピドホスファターゼ活性を必要とする）

suppression （抑制）【名詞】9437

suppression	9424
suppressions	13

suppression of ～ の用例が非常に多いが，主語になることはそれほど多くない．tumor suppression などの熟語表現が多い．

◆ suppression と共によく使われる動詞

		用例数
●発生・同定に関する動詞		
occur	起こる ❶	27
be observed	観察される	24
●性質に関する動詞		
be mediated	仲介される	23

◆冠詞
無冠詞の用例が多いが，不定冠詞が用いられることもある．複数形の用例はほとんどない．

例文

❶ Furthermore, **suppression occurred** irrespective of the TCR specificity of the CD8+ T cells. （*J Immunol. 2006 176:3342*）
（抑制は，～の TCR 特異性とは関係なく起こった）

loss （損失／減少）【名詞】35635

loss	34397
losses	1238

loss of ～ の用例が非常に多いが，主語になることはそれほど多くない．

◆ loss と共によく使われる動詞

		用例数
●発生・同定に関する動詞		
occur	起こる ❶	101
be observed	観察される	43
●性質に関する動詞		
be associated with ～	～と関連している	43
●変化に関する動詞		
increase	増大する	33

例文

❶ Graft **loss occurred in** 8 of 32 patients（25%）in group 1 and in 5 of 15 patients（33%）in group 2 （P=NS）．（*Transplantation. 2007 83:277*）
（植片機能損失が，32 名中 8 名の患者において起こった）

deletion 〈欠失〉 【名詞】 23752

deletion 18679
deletions 5073

deletion mutant などの熟語表現が多い.

◆ deletion と共によく使われる動詞

●解釈・結果に関する動詞
		用例数
result in 〜	〜という結果になる ❶	83
show 〜	〜を示す	34
cause 〜	〜を引き起こす	31

●発生・同定に関する動詞
occur	起こる	54
be found	見つけられる	47
be detected	検出される	36

例文

❶ β1 integrin **deletion results in** decreased epidermal proliferation, yet on wounding the proliferative defect is overcome. （*J Invest Dermatol. 2005 125:1215*）
（β1 インテグリン欠失は，低下した上皮増殖という結果になる）

第2部　主語別にみる 主語-動詞の組み合わせ＋例文500

12章
「機能」を主語にする文をつくる

　「機能」の名詞には，機能，機構，経路，過程，調節などの意味のものがある．動詞としては「性質」を表すものがよく用いられる．　　　※名詞の分類については第1部23ページ参照

◆主語になる「機能」の名詞とその使い分け

① function（機能）	「機能」意味の名詞としては，function がよく用いられる．
② mechanism（機構／メカニズム）	mechanism は，機能のメカニズムを意味する名詞である．
③ pathway（経路），signaling（シグナル伝達）	経路を意味する名詞として pathway がある．その具体的な内容には signaling が含まれる．
④ process（過程），regulation（調節），transcription（転写）	process は，多くの場合において機能的に重要な事象における過程について述べるときに用いられる．regulation は調節，transcription は遺伝子の転写を意味する．

◆「機能」の分類の名詞と組み合わせてよく使われる動詞

i. 性質（必要とされる，必要とする，関与する，調節される，など）	be required / require / involve / be involved in / be regulated / be mediated / depend on / be associated with / regulate / mediate / play / be used
ii. 解釈・結果（〜のままである，〜のようである，〜という結果になる，など）	remain / appear / contribute to / result in / lead to
iii. 発生・同定（起こる，見つけられる，など）	occur / be found / be observed
iv. 変化（開始される，ブロックされる，など）	be initiated / be blocked / be inhibited

　「名詞＋be 動詞＋形容詞」のパターンでは，be unknown や be essential for などの用例が多い．

◆名詞-動詞の組合せの頻度

名詞（主語）\動詞		i. 性質							
		必要とされる be required	必要とする require	伴う involve	に関与する be involved in	調節される be regulated	仲介される be mediated	に依存する depend on	と関連している be associated with
function	機能	274	250	40	15	73	71	75	64
mechanism	機構	45	51	205	89	5	14	16	9
pathway	経路	236	91	133	199	47	19	29	38
signaling	シグナル伝達	232	62	54	43	26	58	12	30
process	過程	31	158	190	19	71	68	30	29
regulation	調節	18	58	43	6	1	76	25	24
transcription	転写	20	69	30	3	72	29	14	14

名詞（主語）\動詞		i. 性質				ii. 解釈・結果			
		調節する regulate	仲介する mediate	果たす play	使われる be used	ままである remain	のようである appear	寄与する contribute to	の結果になる result in
function	機能	11	4	28	23	301	88	43	148
mechanism	機構	89	37	61	46	375	94	115	18
pathway	経路	244	168	374	47	88	123	157	101
signaling	シグナル伝達	162	35	209	3	44	51	60	105
process	過程	8	6	27	31	110	63	25	37
regulation	調節	0	2	27	4	37	37	8	10
transcription	転写	6	1	11	4	20	25	7	8

名詞（主語）\動詞		ii. 解釈・結果	iii. 発生・同定			iv. 変化		
		につながる lead to	起こる occur	見つけられる be found	観察される be observed	開始される be initiated	ブロックされる be blocked	抑制される be inhibited
function	機能	103	63	32	39	6	16	31
mechanism	機構	20	22	14	19	4	6	2
pathway	経路	102	50	44	24	25	47	40
signaling	シグナル伝達	91	70	14	6	29	42	20
process	過程	42	139	31	23	33	18	34
regulation	調節	7	139	7	22	1	8	9
transcription	転写	5	79	12	28	22	16	40

■使いこなしのポイント■

以下のようなパターンをマスターしよう．

1. 前置詞を後ろに伴う受動態表現

signaling is required for ～（シグナル伝達は～のために必要とされる）
pathway was involved in ～（経路が～に関与した）

2. 自動詞の表現

pathway appears to *do* ～（経路は～するようである）
signaling plays an important role in ～（シグナル伝達は～において重要な役割を果たす）
pathway contributes to ～（経路は～に寄与する）
mechanisms remain unclear ～（機構は不明なままである）
mechanisms remain unknown ～（機構は知られていないままである）

function (機能)
【名詞／動詞】114053

function   86746
functions 27307

functionは，特定の機能ではなく機能全般を意味する．of function のパターンの用例が多く，主語として用いられることは比較的少ない．

◆ function と共によく使われる動詞

●性質に関する動詞 用例数
be required	必要とされる ❶	274
require ～	～を必要とする ❷	250
depend on ～	～に依存する ❸	75
be regulated	調節される	73
be mediated	仲介される	71
be associated with ～	～と関連している	64

●解釈・結果に関する動詞
remain ～	～のままである ❹	301
be unknown	知られていない ❺	199
result in ～	～という結果になる	148
lead to ～	～につながる ❻	103
appear ～	～のようである	88
be essential for ～	～に必須である	84
be unclear	不明である	62

●計画・遂行に関する動詞
be assessed	評価される ❼	175
be measured	測定される	61
be determined	決定される	59
be examined	調べられる ❽	58

●発生・同定に関する動詞
occur	起こる	63

●変化に関する動詞
be impaired	損なわれる	64

◆冠詞
複数形の用例もかなりあるが，無冠詞単数形の用例も多い．

例文

❶ Mitochondrial **function is required for** normal vascular cell growth and function. (Circ Res. 2007 100:460)
(ミトコンドリアの機能は，血管細胞の増殖と機能のために必要とされる)

❷ It is well established that steroid receptor **function requires** interaction with coactivators. (Mol Cell Biol. 2003 23:3763)
(ステロイド受容体の機能は，コアクチベーターとの相互作用を必要とする)

❸ *In vivo* reconstitution studies also demonstrated that RhoH **function depends on** phosphorylation of the RhoH ITAMs. (Nat Immunol. 2006 7:1182)
(RhoHの機能は，RhoH ITAMのリン酸化に依存している)

❹ However, its normal cellular **functions remain unclear**. (J Biol Chem. 2007 282:20395)
(それの正常な細胞機能は，不明なままである)

❺ Although D6 is constitutively expressed in the lung, its pulmonary **function is unknown**. (Am J Respir Crit Care Med. 2007 175:243)
(それの肺機能は知られていない)

❻ E-cadherin **function leads to** the density-dependent contact inhibition of cell growth. (*Mol Biol Cell. 2007 18:2013*)
（E- カドヘリンの機能は，密度依存的な接触阻害につながる）

❼ Retinal **function was assessed by** ERG and retinal degeneration by histopathology and morphometry. (*Invest Ophthalmol Vis Sci. 2007 48:2868*)
（網膜の機能が，網膜電図と網膜変性によって評価された）

❽ NK cell **functions were examined in** mice with a targeted mutation of the STAT1 gene, an essential mediator of IFN signaling. (*J Immunol. 2000 165:3571*)
（NK 細胞の機能が，STAT1 遺伝子の標的を定めた変異をもつマウスにおいて調べられた）

mechanism （機構／メカニズム）【名詞】70869

mechanism	42007
mechanisms	28862

mechanism は機能のメカニズムを意味する名詞であり，使われる頻度はとても高い．mechanism by which の用例が非常に多い．

◆ mechanism と共によく使われる動詞

●性質に関する動詞　　　　　　　　　　　　　用例数

involve ～	～を伴う ❶	205
be proposed	提案される ❷	179
exist	存在する ❸	128
be involved in ～	～に関与する	89
regulate ～	～を調節する ❹	89
include ～	～を含む	80
play ～	～を果たす	61
provide ～	～を提供する ❺	57
require ～	～を必要とする	51
be used	使われる	46
be required	必要とされる	45

●解釈・結果に関する動詞

remain ～	～のままである ❻	375
be unknown	知られていない	173
contribute to ～	～に寄与する ❼	115
appear ～	～であると思われる	94
be unclear	不明である	94
be responsible for ～	～に責任がある	52

◆英文の組み立て例

mechanism には，underlying, involving, regulating, controlling などが後に続く用例が非常に多い．以下の文例についてもこのように応用することを考えよう．

「この過程の<u>根底</u>にある分子<u>機構</u>はあまり理解されていない」
→The molecular <u>mechanisms</u> <u>underlying</u> this process are poorly understood.

例文

❶ The **mechanism involves** Rad51, which is the major enzymatic component of HRR. (*Oncogene. 2005 24:3748*)
（その機構は，Rad51 を伴う）

❷ A **mechanism is proposed** to explain the self-oxidation process of these compounds. (*J Org Chem. 2003 68:8379*)
（～を説明するために，ある機構が提案される）

❸ This product thus appears to be highly unstable, and it can be hypothesized that specific **mechanisms exist to** prevent its accumulation. (*J Biol Chem. 2002 277:3325*)
（その蓄積を防ぐ特異的な機構が存在する）

❹ Our data suggest that one or more distinct cellular **mechanisms regulate** Bid cleavage by caspases 8

and 3 *in situ*. (*J Biol Chem. 2003 278:15749*)
(ひとつあるいはそれ以上の別々の細胞性機構が，Bid の切断を調節する)

❺ In addition, this **mechanism provides** a novel model for morphogen gradient formation. (*Nature. 2004 427:419*)
(この機構は，新規のモデルを提供する)

❻ Progesterone has sedative and anesthetic effects but the underlying molecular **mechanisms remain** unclear. (*Brain Res. 2005 1033:96*)
(根底にある分子機構は，不明なままである)

❼ We present evidence indicating that this Clb2-dependent **mechanism contributes to** preventing re-replication *in vivo*. (*Nature. 2004 431:1118*)
(この Clb2 依存性の機構は，再複製を防止するのに寄与する)

pathway （経路）【名詞】74642

pathway 47280
pathways 27362

pathway は，mechanism と並んで最もよく使われる「機能」の名詞である．また，次の signaling とは全く違うものだが非常に関連性が高く使われる動詞にも共通性が高い．signaling pathway という用語もよく使われる．

◆ pathway と共によく使われる動詞

●性質に関する動詞　　　　　　　　　　　　　　　　　用例数
play 〜	〜を果たす ❶	374
regulate 〜	〜を調節する ❷	244
be required	必要とされる ❸	236
be involved in 〜	〜に関与する ❹	199
mediate 〜	〜を仲介する ❺	168
involve 〜	〜を伴う ❻	133
control 〜	〜を調節する	98
require 〜	〜を必要とする	91
function	機能する	83
be regulated	調節される	47
be used	使われる	47

●解釈・結果に関する動詞
contribute to 〜	〜に寄与する ❼	157
appear 〜	〜であるように思われる	123
lead to 〜	〜につながる	102
result in 〜	〜という結果になる	101
be important	重要である	100
remain 〜	〜のままである	88
be critical	決定的に重要である	86
be essential for 〜	〜に必須である	75
be necessary	必要である	55
be responsible for 〜	〜に責任がある	53

●変化に関する動詞
be activated	活性化される ❽	243
be blocked	ブロックされる	47

●同定に関する動詞
be found	見つけられる	44

◆冠詞／代名詞
以下の組合せパターンでは，pathway に定冠詞（the）もしくは this や our が用いられることが非常に多い．
pathway plays (❶)，pathway is activated (❽)

例文

❶ This **pathway plays an important role in** regulating cell growth and the development of malignancy. (*Genomics. 2005 86:159*)
（この経路は，細胞増殖を調節する際に重要な役割を果たす）

❷ The Notch **pathway regulates** cell fate determination in numerous developmental processes. (*Development. 2007 134:801*)
（Notch 経路は，細胞運命決定を調節する）

❸ Thus, the TGF-β/Smad signaling **pathway is required for** hypoxia-mediated inhibition of adipocyte differentiation in MSCs. (*J Biol Chem. 2005 280:22688*)
（TGF-β/Smad シグナル伝達経路は，脂肪細胞分化の低酸素に仲介される抑制のために必要とされる）

❹ The MAPK (ERK) **pathway was involved in** mitogenic signaling in F9 cells stimulated with serum. (*J Biol Chem. 2001 276:32094*)
〔MAPK (ERK) 経路が，分裂促進的なシグナル伝達に関与していた〕

❺ We have demonstrated that the hexosamine metabolic **pathway mediates** up-regulation of TSP-1 by high glucose. (*J Biol Chem. 2007 282:5704*)
（ヘキソサミンの代謝経路は，TSP-1 の上方制御を仲介する）

❻ This pathogenic **pathway involves** the accumulation of APP C-terminal fragments but does not depend on increased production of human A β. (*J Biol Chem. 2005 280:32957*)
（この病原性経路は，APP カルボキシ末端断片の蓄積を伴う）

❼ Our data indicate that the AHR **pathway contributes to** the transcriptional regulation of CBR1. (*Mol Pharmacol. 2007 72:73*)
（AHR 経路は，CBR1 の転写調節に寄与する）

❽ The ras signaling **pathway is activated in** several cancers and has been found to stimulate glycolytic flux to lactate. (*Oncogene. 2006 25:7225*)
（ras シグナル伝達経路は，いくつかのがんにおいて活性化されている）

signaling （シグナル伝達）【名詞】55736

signaling	55728
signalings	8

前項の pathway と関連性が高い．

◆ signaling と共によく使われる動詞

●性質に関する動詞

		用例数
be required	必要とされる ❶	232
play ~	~を果たす ❷	209
regulate ~	~を調節する ❸	162
promote ~	~を促進する	68
induce ~	~を誘導する	66
control ~	~を制御する	62
require ~	~を必要とする ❹	62
be mediated	仲介される ❺	58
involve ~	~を伴う	54

●解釈・結果に関する表現

result in ~	~という結果になる ❻	105
lead to ~	~につながる	91
contribute to ~	~に寄与する ❼	74
be critical	決定的に重要である	62
be necessary	必要である	58
be essential for ~	~に必須である	51

◆冠詞
無冠詞の用例が非常に多い．

例文

❶ Notch1 **signaling is required for** T cell development. （*J Exp Med. 2001 194:99*）
（Notch1 シグナル伝達が，T 細胞発生に必要とされる）

❷ G-protein **signaling plays important roles in** asymmetric cell division. （*Development. 2003 130:5717*）
（G タンパク質シグナル伝達は，非対称細胞分裂の際に重要な役割を果たす）

❸ Hedgehog（Hh）**signaling regulates** cell differentiation and patterning in a wide variety of embryonic tissues. （*Dev Biol. 2005 277:537*）
〔Hedgehog（Hh）シグナル伝達は，細胞分化とパターン形成を調節する〕

❹ Reelin **signaling requires** activation of Src family kinases as well as tyrosine phosphorylation of the intracellular adaptor protein Disabled-1（Dab1）. （*J Biol Chem. 2003 278:38772*）
（リーリンのシグナル伝達は，Src ファミリーキナーゼの活性化を必要とする）

❺ In *Drosophila*, planar cell polarity（PCP）**signaling is mediated by** the receptor Frizzled（Fz）and transduced by Dishevelled（Dsh）. （*Genes Dev. 1998 12:2610*）
〔平面内細胞極性（PCP）シグナル伝達は，受容体 Frizzled（Fz）によって仲介される〕

❻ Bmp **signaling results in** the phosphorylation and nuclear translocation of Smads, downstream signal transducers that bind DNA. （*Development. 2006 133:4025*）
（Bmp シグナル伝達は，Smad のリン酸化と核移行という結果になる）

❼ Abnormal intracellular **signaling contributes to** carcinogenesis and may represent novel therapeutic targets. （*Oncogene. 2008 27:2978*）
（異常な細胞内シグナル伝達は，発がんに寄与する）

---

process 〔過程〕【名詞】45396

process	26997
processes	18399

process の意味は event にやや近いが，事象における機能的に重要な過程を意味することが多い．

◆ process と共によく使われる動詞

●性質に関する動詞		用例数
involve 〜	〜を含む ❶	190
require 〜	〜を必要とする ❷	158
be regulated	調節される ❸	71
be mediated	仲介される ❹	68

●発生・同定に関する動詞		
occur	起こる ❺	139

●解釈・結果に関する動詞		
remain 〜	〜のままである	110
appear 〜	〜のようである	63

●変化に関する動詞		
be inhibited	抑制される	34

◆英文の組み立て例
involving, requiring などが後に続く用例も多い．
「〜は，…を必要とする複雑な過程である」
→ 〜 is a complex process requiring ….

例文

❶ This **process involves** incorporation of the replacement histone variant H3.3 into nucleosomes. （*EMBO J. 2005 24:3712*）
（この過程は，〜の取り込みを含む）

❷ Both **processes require** activation of mitogen-activated protein kinase（MAPK）in granulosa cells. （*Dev Biol. 2003 263:126*）

(両方の過程は，マイトジェン活性化プロテインキナーゼの活性化を必要とする)

❸ These **processes are regulated by** cell signaling systems.　*(Dev Biol. 2004 275:183)*
(これらの過程は細胞シグナル伝達系によって調節される)

❹ Both **processes are mediated by** protein–protein interaction.　*(Science. 1998 281:1355)*
(両方の過程がタンパク質-タンパク質相互作用によって仲介される)

❺ This autoregulatory **process occurs** independently of insulin, and the mechanism by which it operates is incompletely understood.　*(Diabetes. 2003 52:1635)*
(この自己調節的な過程は，インスリンとは独立して起こる)

regulation 【名詞】44254 （調節）

regulation	44026
regulations	228

regulation of ～のパターンで用いられることが非常に多い．up-regulation や down-regulation の用例もかなり多い．

◆ regulation と共によく使われる動詞

		用例数
●発生に関する動詞		
occur	起こる ❶	139
●性質に関する動詞		
be mediated	仲介される ❷	76
require ～	～を必要とする	58
involve ～	～を伴う	43

◆英文の組み立て例
「細胞機能の<u>調節</u>は，～によって<u>仲介される</u>」
→ The <u>regulation</u> of cellular function <u>is mediated</u> by ～．　　S　　　＋　　V

例文

❶ This **regulation occurs** primarily at an early step of tetrapyrrole biosynthesis, prior to ALA.　*(Plant Mol Biol. 2002 49:149)*
(この調節は，主に～の初期の段階で起こる)

❷ This **regulation is mediated by** the reciprocal actions of protein tyrosine kinases and phosphatases.　*(Annu Rev Immunol. 2003 21:107)*
(この調節は，タンパク質チロシンキナーゼとホスファターゼの相互作用によって仲介される)

transcription 【名詞】60949 （転写）

transcription	60923
transcriptions	26

transcription は，DNA から RNA への転写を意味することが多い．transcription factor の形で用いられることも多い．

◆ transcription と共によく使われる動詞

		用例数
●発生に関する動詞		
occur	起こる	79
●性質に関する動詞		
be regulated	調節される ❶	72
require ～	～を必要とする	69
●変化に関する動詞		
be induced	誘導される ❷	47
be inhibited	抑制される	40
be activated	活性化される	33

例文

❶ daf-15 **transcription is regulated by** DAF-16, a FOXO transcription factor that is in turn regulated by daf-2 insulin/IGF signaling. (*Development. 2004 131:3897*)
（daf-15 の転写は，DAF-16 によって調節される）

❷ Among these, only RARβ gene **transcription is induced by** retinoids. (*J Biol Chem. 1997 272:18990*)
（RARβ 遺伝子の転写のみが，レチノイドによって誘導される）

Column

involve（含む）と be involved in（関与している）

involve は関与を意味する動詞で，「含む，伴う，巻き込む，関わる」など日本語で表現しにくい多彩な意味をもつ．受動態の be involved in も非常によく用いられる表現で，この場合には「〜に関与する」という意味になる．しかし，能動態で「〜に関わる」という意味で使われる場合もあり，その意味の違いはややわかりにくい．用法的には process に対して，もっぱら involve が使われる．一方，pathway, mechanism, signaling に対しては，involve も be involved in も共によく用いられる．

play（果たす）と contribute to（寄与する）

play は，もっぱら play 〜 role（s）in …（… の際に〜な役割を果たす）というパターンで使われる．一方，contribute to は「〜に寄与する／一因となる」という意味で用いられる．表現方法は全く違うが，意味する内容は類似している．どちらも，pathway, signaling, mechanism に対してよく用いられる．

第2部　主語別にみる 主語-動詞の組み合わせ＋例文 500

第13章
「関係」を主語にする文をつくる

「関係」の名詞には，効果，応答，関連，違いなどを意味するものがある．発生に関する動詞の用例が多い．

※名詞の分類については第1部 23 ページ参照

◆ 主語になる「関係」の名詞とその使い分け

① effect（効果），response（反応）	対象物に対する影響を示す用語としては，effect, response が使われる．
② interaction（相互作用），association（関連），correlation（相関），relation（関係）	2者以上の間の関係を示すための単語としては，interaction, association, correlation, relation がよく用いられる．
③ difference（違い）	2者以上の間の違いを示す単語として，difference がある．
④ resistance（抵抗性）	resistance は，対象物に対する抵抗性という意味で用いられる．

◆ 「関係」の分類の名詞と組み合わせてよく使われる動詞

i. 発生・同定（起こる，見つけられる，検出される，など）	occur / be observed / be found / be seen / be noted / be detected
ii. 性質（関連する，仲介される，など）	be associated with / be mediated / require / exist
iii. 変化（ブロックされる，など）	be blocked / be inhibited
iv. 解釈・結果（示唆する，〜のようである，など）	suggest / appear

◆名詞-動詞の組合せの頻度

名詞（主語）	動詞	i. 発生・観察			ii. 性質				
		起こる occur	観察される be observed	見つけられる be found	見られる be seen	注目される be noted	検出される be detected	と関連している be associated with	仲介される be mediated
effect	効果	256	652	94	249	54	29	176	466
response	反応	238	358	65	127	37	120	141	159
interaction	相互作用	279	133	71	19	9	52	13	205
association	関連	47	209	254	64	14	34	0	37
correlation	相関	5	311	271	39	25	16	6	0
relation	関係	0	31	38	8	7	0	0	2
difference	違い	56	654	466	185	140	123	18	2
resistance	抵抗	30	28	11	6	2	8	63	21

名詞（主語）	動詞	ii. 性質		iii. 変化		iv. 解釈・結果	
		必要とする require	存在する exist	ブロックされる be blocked	抑制される be inhibited	示唆する suggest	のようである appear
effect	効果	91	14	243	93	67	202
response	反応	91	1	70	73	52	105
interaction	相互作用	111	54	26	26	82	116
association	関連	35	54	1	6	30	34
correlation	相関	1	130	1	0	37	6
relation	関係	0	15	0	0	6	2
difference	違い	8	272	0	0	54	50
resistance	抵抗	12	3	1	1	8	24

■使いこなしのポイント■

以下のようなパターンをマスターしよう．

1. **前置詞を後ろに伴う自動詞の表現**

    interaction occurs between 〜（相互作用が〜の間に起こる）
    correlation existed between 〜（相関が〜の間に存在した）

2. **前置詞を後ろに伴う受動態表現**

    responses were observed in 〜（反応が〜に観察された）
    effect was observed with 〜（効果が〜で観察された）
    association was found between 〜（関連が〜の間に見られた）
    effect was seen in 〜（効果が〜において見られた）
    responses were detected in 〜（反応が〜において検出された）

effect （効果／影響）【名詞】127665

effects 64472
effect 63193

effect は，effect of ～ on … （…への～の効果）の形でよく用いられる．複数の用例がかなり多い．

◆ effect と共によく使われる動詞

●発生・同定に関する動詞
		用例数
be observed	観察される ❶	652
occur	起こる	256
be seen	見られる ❷	249
be found	見つけられる	94
be noted	注目される	54

●性質に関する表現
be mediated	仲介される ❸	466
be associated with ～	～と関連している ❹	176
be independent of ～	～に依存しない ❺	155
be specific	特異的である	155
be due to ～	～のせいである	146
be dependent on ～	～に依存している	132
require ～	～を必要とする	91
include ～	～を含む	76
be mimicked	模倣される	71
be accompanied	伴われる	67
persist	持続する	66

●変化に関する動詞
be blocked	ブロックされる ❻	243
be inhibited	抑制される	93
be reversed	逆転させられる ❼	147
be abolished	消滅させられる	94
be prevented	妨げられる	79

●解釈・結果に関する動詞
appear ～	～のようである	105

◆英文の組み立て例
「グルコース取り込みへのインシュリンの効果がブロックされた」
→ The <u>effect of insulin on glucose uptake</u> <u>was blocked</u>.　**S**　　　+　　　**V**

例文

❶ A similar **effect was observed with** tetramethylammonium chloride. （J Mol Biol. 2000 296:651）
（類似の効果が，塩化テトラメチルアンモニウムで観察された）

❷ No **effect was seen in** patients with lymphoid disease. （Blood. 2004 103:1521）
（効果は，リンパ系疾患の患者において見られなかった）

❸ Specific receptor ligands confirmed that this **effect was mediated by** VEGF receptor 1. （Crit Care Med. 2007 35:2164）
（この効果は，VEGF 受容体 1 によって仲介された）

❹ These **effects were associated with** increased reductase activity and slightly diminished heme reduction and NO synthesis. （Biochemistry. 2007 46:14418）
（これら効果は，増大した還元酵素活性と関連していた）

❺ This **effect was independent of** the presence of androgens or antiandrogens. （Cancer Res. 2005 65:5965）
（この効果は，アンドロゲンあるいは抗アンドロゲンの存在に依存しなかった）

❻ This **effect was blocked by** MMP inhibitors. （FASEB J. 2006 20:1736）
（この効果は，MMP 阻害剤によってブロックされた）

❼ These M-CSF **effects are reversed by** ICSBP expression in ICSBP $^{-/-}$ cells. （J Biol Chem. 2004 279:50874）
（これらの M-CSF の効果は，ICSBP 発現によって逆行させられる）

response (反応／応答) 【名詞】127732

response 83906
responses 43826

response は，主語として用いられない場合は responses to 〜（〜に対する反応）の形が多い．中でも in response to 〜（〜に応答して）の形が非常によく使われる．

◆ response と共によく使われる動詞

		用例数
●発生・同定に関する動詞		
be observed	観察される ❶	358
occur	起こる ❷	238
be seen	見られる	127
be detected	検出される ❸	120
be found	見つけられる	65
●性質に関する表現		
be mediated	仲介される	159
be associated with 〜	関連している	141
require 〜	〜を必要とする	91
be dependent on 〜	〜に依存している	76
be similar	類似している	69
involve 〜	〜を含む	66
●計画・遂行に関する動詞		
be measured	測定される	108
be assessed	評価される	101
be compared	比較される	74
●変化に関する動詞		
be induced	誘導される	91
be inhibited	抑制される ❹	73
be blocked	ブロックされる	70
be reduced	低下する	55

例文

❶ Morphologic complete response (CR) was achieved in 85% of patients with APL; no **responses were observed in** non-APL patients. (Blood. 2008 111:566)
（反応は，非急性前骨髄球性白血病患者においては観察されなかった）

❷ Major **responses occurred in** three patients, and two patients had minor responses. (J Clin Oncol. 2004 22:3003)
（大きな反応が，3人の患者で起こった）

❸ Cytologic **responses were detected in** six patients; four patients exhibited complete response. (J Clin Oncol. 2007 25:1350)
（細胞学的反応が，6人の患者において検出された）

❹ The migratory **response was inhibited by** tissue inhibitors of metalloproteinase or when MMP-9 was depleted from the inducing supernatants. (Proc Natl Acad Sci USA. 2003 100:9482)
（遊走反応が，メタロプロテアーゼ組織阻害因子によって抑制された）

interaction （相互作用）
【名詞】77360

interaction　40335
interactions　37025

interaction は，interaction between ～（～の間の相互作用），interaction with ～（～との相互作用）の用例が非常に多い．

◆ interaction と共によく使われる動詞

● 発生・同定に関する動詞　　　　　　　　　　　　用例数
occur	起こる ❶	279
be observed	観察される	133
be found	見つけられる	71
be detected	検出される	52

● 計画・遂行に関する動詞
be confirmed	確認される	101

● 解釈・結果に関する表現
be mediated	仲介される ❷	205
be important	重要である	118
appear ～	～のようである	116
be critical	決定的に重要である	87
suggest ～	～を示唆する ❸	82
contribute to ～	～に寄与する	74
be essential for ～	～に必須である	61

● 性質に関する表現
play ～	～を果たす	202
be required	必要とされる ❹	137
require ～	～を必要とする ❺	111
provide ～	～を提供する	82
be specific	特異的である	57
be dependent on ～	～に依存している	55

◆英文の組み立て例
「CaMKI と MARK2 の間の相互作用が確認された」
→ The <u>interaction between CaMKI and MARK2</u> <u>was confirmed</u>.
　　　　　S　　　　　　　　　　　　　　V

例文

❶ Here, we demonstrate that a specific protein-protein **interaction occurs between** β-catenin and AR. （J Biol Chem. 2002 277:11336）
（特異的タンパク質 - タンパク質相互作用が，β-カテニンと AR の間に起こる）

❷ Studies using fragments of PKC β reveal that this **interaction is mediated by** the C1A domain of PKC. （J Biol Chem. 2007 282:33776）
（この相互作用は，プロテインキナーゼ C の C1A ドメインによって仲介される）

❸ The sequence-specific **interaction suggests** that 3'hExo may participate in the degradation of histone mRNAs. （J Biol Chem. 2006 281:30447）
（配列特異的相互作用は，～ということを示唆する）

❹ The Sgo1-PP2A **interaction is required for** centromeric localization of Sgo1 and proper chromosome segregation in human cells. （Dev Cell. 2006 10:575）
（Sgo1-PP2A 相互作用は，Sgo1 のセントロメア局在のために必要とされる）

❺ Moreover, coprecipitation analysis showed that APOBEC3G-Gag **interaction requires** NC and nonspecific RNA. （J Virol. 2004 78:12058）
（APOBEC3G-Gag 相互作用は，NC と非特異的 RNA を必要とする）

association （関連）【名詞】31089

association 26549
associations 4540

associationは, association of ~ （~の関連）, association with ~ （~との関連）, association between ~ （~の間の関連）の用例が多い. in association with ~ （~と関連して）の熟語でもよく使われる.

◆ association と共によく使われる動詞

●発生・同定に関する動詞 用例数

be found	見つけられる ❶	254
be observed	観察される ❷	209
be seen	見られる	64
occur	起こる	47

●性質に関する動詞

exist	存在する	54
be stronger	より強い	52
be independent of ~	~に依存しない	51
persist	持続する	44
be mediated	仲介される	37
require	~を必要とする	35

●解釈・結果の動詞

remain	~のままである ❸	76

例文

❶ No **association was found between** flavonoid intake and stroke mortality. （Am J Clin Nutr. 2007 85:895）
（関連は, フラボノイド摂取と脳卒中死亡率の間に見つけられなかった）

❷ An inverse **association was observed between** p73 DNA methylation and protein expression （P = .003）. （J Clin Oncol. 2005 23:3932）
（逆相関が, p73 DNA メチル化とタンパク質発現の間に観察された）

❸ This **association remains** significant after adjustment for other markers of diet quality. （Am J Clin Nutr. 2007 86:504）
（この相関は, 有意なままである）

correlation （相関）【名詞】11976

correlation 9614
correlations 2362

correlationは, correlation between ~ （~の間の相関）, correlation with ~ （~との相関）の用例が多い.

◆ correlation と共によく使われる動詞

●発生・同定に関する動詞 用例数

be observed	観察される ❶	311
be found	見つけられる ❷	271
be seen	見られる	39

●性質に関する動詞

exist	存在する ❸	130

◆英文の組み立て例
「発症年齢と重症度の間の相関が見つけられた」
→ A correlation between age of onset and severity was found.
　　S　　　　　　　　　　　　　　＋
　　　　　　　　　　　　　　　　V

例文

① Moreover, a positive **correlation was observed between** DNA adduct levels and cell sensitivity to AF. (*Invest Ophthalmol Vis Sci. 2005 46:3121*)
（正の相関が，DNA 付加体レベルと AF への細胞感受性の間に観察された）

② A significant **correlation was found between** HVPG and PLT at the baseline, year 1, and year 5（P < 0.0001）. (*Hepatology. 2008 47:153*)
（有意な相関が，HVPG と PLT の間に見られた）

③ Moreover, a strong **correlation existed between** images taken with these two technologies. (*Cancer Res. 2005 65:9829*)
（強い相関が，これらの 2 つの技術によって取得された画像の間に存在した）

relation （関係）【名詞】5209

relation 4220
relations 989

relation は，relation between ～（～の間の関係）の用例が多い．correlation と意味は近いが，correlation とは違って relation with ～の用例は少ない．in relation to ～（～に関して）という熟語の用例も多い．

◆ relation と共によく使われる動詞

●発生・同定に関する動詞		用例数
be found	見つけられる ①	38
be observed	観察される	31

例文

① A dose-response **relation was found between** level of anger and overall CHD risk（P for trend, .008）. (*Circulation. 1996 94:2090*)
（用量反応関係は，怒りのレベルと全体の冠動脈心疾患リスクの間において見つけられた）

difference （差／違い）【名詞】40450

differences 26949
difference 13501

difference は，difference in ～（～の違い），difference between ～（～の間の違い）の用例が多い．複数形の用例が非常に多い．

◆ difference と共によく使われる動詞

●発生・同定に関する動詞		用例数
be observed	観察される ①	654
be found	見つけられる ②	466
be seen	見られる	185
be noted	認められる ③	140
be detected	検出される	123
occur	起こる	56

●性質に関する動詞 | |
---|---|---
exist | 存在する ④ | 272
reflect ～ | ～を反映する | 40

●解釈・結果に関する動詞
remain 〜	〜のままである	59
suggest 〜	〜を示唆する	54
be significant	有意である	53
appear 〜	〜のようである	50

例文

❶ Immediately following IR, no significant **differences were observed between** Bnip3 $^{-/-}$ and WT mice.（*J Clin Invest. 2007 117:2825*）
（有意な差は，Bnip3 $^{-/-}$ と野生型マウスの間で観察されなかった）

❷ No significant **difference was found between** the two age groups in the mean reading speed for unmagnified text.（*Invest Ophthalmol Vis Sci. 2007 48:4368*）
（有意な差は，2つの年齢群の間で見つけられなかった）

❸ No **differences were noted in** the SP-positive nerve bundles between the different treatments and the control treatment.（*Invest Ophthalmol Vis Sci. 2005 46:3121*）
（差は，〜の間で SP 陽性神経束において認められなかった）

❹ Significant quantitative **differences existed between** benign and malignant pigmented lesions studied.（*J Invest Dermatol. 2007 127:189*）
（有意な定量的な差が，良性と悪性の色素性病変の間で存在した）

resistance （抵抗性）【名詞】24699

resistance 24559
resistances 140

resistance は，resistance to 〜（〜への抵抗性）の用例が多い．

◆ resistance と共によく使われる動詞

●発生・同定に関する動詞　　　　　　　　　　　用例数
be associated with 〜	〜と関連している ❶	63

●変化に関する動詞
increase 〜	〜を増大させる	58
decrease 〜	〜を低下させる	34

●発生・同定に関する動詞
occur	起こる	30

◆英文の組み立て例
「アポトーシスへの抵抗性が観察された」
→ <u>Resistance</u> to apoptosis <u>was observed</u>.
　　　S　　　　　　　　　　　+　　V

◆冠詞
複数形の用例数は非常に少なく，また，無冠詞の用例が多い

例文

❶ Insulin **resistance is associated with** vascular disease.（*Circulation. 2003 107:1539*）
（インシュリン抵抗性は，血管疾患と関連している）

第2部 主語別にみる 主語-動詞の組み合わせ＋例文 500

14章 「定量値」を主語にする文をつくる

「定量値」の名詞は，測定値の測定や変化を示す場合に用いられる．組み合わされる動詞の種類が非常に多い．

※名詞の分類については第1部 23 ページ参照

◆ 主語になる「定量値」の名詞とその使い分け

① activity（活性），expression（発現），level（レベル）	activity は酵素などの活性，expression は遺伝子などの発現，level は遺伝子発現などのレベルについて述べるときに用いられる．量の増減などが調べられることが多い．
② production（産生）	production は，産生量を意味することも多い．
③ concentration（濃度），dose（用量），value（値）	concentration，dose，value は，数値データを扱うことが多い．
④ rate（率），ratio（比）	rate, ratio は，速度や比率などを扱うときに使われる．

◆「定量値」の分類の名詞と組み合わせてよく使われる動詞

i. 変化（増大する，低下するなど）	increase / decrease / be increased / be elevated / be reduced / be decreased / be induced / be enhanced / be inhibited / be suppressed / be blocked / range from
ii. 性質（必要とする，関連しているなど）	require / be associated with / correlate with / be required / depend on / be mediated / be regulated
iii. 解釈・結果（〜という結果になるなど）	result in / lead to / appear / remain
iv. 発生・検出（起こる，見つけられるなど）	occur / be observed / be found / be detected
v. 計画・遂行（決定される，測定されるなど）	be measured / be determined / be assessed / be examined / be evaluated / be calculated

◆名詞-動詞の組み合わせの頻度

名詞（主語）		動詞	i. 変化							
			増大する increase	低下する decrease	増大する be increased	上昇する be elevated	低下する be reduced	低下する be decreased	誘導される be induced	増強される be enhanced
activity	活性		496	188	298	87	250	101	102	138
expression	発現		486	172	396	105	184	119	412	56
level	レベル		758	325	414	379	283	142	35	11
production	産生		77	23	55	5	43	18	22	18
concentration	濃度		343	139	113	43	60	31	2	2
dose	用量		40	13	25	0	33	9	0	2
value	値		78	54	11	5	16	10	0	2
rate	速度		330	180	70	18	58	28	1	14
ratio	比		112	56	32	10	14	14	1	0

名詞（主語）		動詞	i. 変化				ii. 性質			
			抑制される be inhibited	抑制される be suppressed	ブロックされる be blocked	の範囲である range from	必要とする require	と関連している be associated with	と相関する correlate with	必要とされる be required
activity	活性		379	58	112	15	392	268	63	585
expression	発現		95	67	52	5	190	294	132	161
level	レベル		14	26	8	24	51	230	169	15
production	産生		52	20	20	2	31	30	36	14
concentration	濃度		1	0	0	30	3	93	56	25
dose	用量		0	0	0	30	0	19	5	13
value	値		1	0	0	79	2	15	20	1
rate	速度		6	0	0	47	3	29	17	3
ratio	比		0	0	0	24	3	15	8	5

名詞（主語）		動詞	ii. 性質			iii. 解釈・結果				iv. 発生・同定	
			に依存している depend on	仲介される be mediated	調節される be regulated	の結果になる result in	につながる lead to	思われる appear	ままである remain	起こる occur	観察される be observed
activity	活性		85	107	292	189	125	191	186	190	465
expression	発現		48	102	422	321	197	163	134	295	399
level	レベル		9	7	80	68	51	60	297	55	183
production	産生		11	18	28	22	14	37	19	58	52
concentration	濃度		2	2	13	38	21	19	36	9	-
dose	用量		0	0	0	34	8	7	5	1	9
value	値		10	0	0	4	4	8	20	6	34
rate	速度		18	2	7	14	7	25	76	40	127
ratio	比		5	0	0	7	5	7	37	5	34

名詞（主語）		動詞	iv. 発生・同定		v. 計画・遂行					
			見つけられる be found	検出される be detected	測定される be measured	決定される be determined	評価される be assessed	調べられる be examined	評価される be evaluated	計算される be calculated
activity	活性		216	310	278	147	109	63	38	7
expression	発現		224	388	58	133	97	148	69	4
level	レベル		128	70	324	198	63	29	27	10
production	産生		16	16	51	22	18	12	15	0
concentration	濃度		38	14	224	87	23	10	9	14
dose	用量		9	2	9	15	1	0	4	28
value	値		37	2	36	48	4	7	4	60
rate	速度		60	10	84	82	22	17	8	78
ratio	比		21	4	15	38	3	2	3	80

■**使いこなしのポイント**■

以下のようなパターンをマスターしよう．

1. 前置詞を後ろに伴う自動詞の表現

expression increased in 〜（発現が〜において増大した）
expression correlated with 〜（発現は〜と相関した）
activity depends on 〜（活性は〜に依存する）
levels decreased by 〜（レベルが〜だけ低下した）
rates decreased from 〜 to …（率が〜から…へ低下した）
values ranged from 〜 to …（値は〜から…の範囲であった）

2. 前置詞を後ろに伴う受動態表現

activity was decreased by 〜（活性が〜だけ低下した）
activity was inhibited by 〜（活性が〜によって抑制された）
expression is restricted to 〜（発現は〜に限られる）
ratios were calculated for 〜（比が〜に対して計算された）
values were obtained for 〜（値が〜に対して得られた）
values were calculated from 〜（値が〜から計算された）

activity 〈活性〉【名詞】158334

activity 142893
activities 15441

activity は，酵素やプロモータなどの活性に対して用いられる．

◆ activity と共によく使われる動詞

●変化に関する動詞 　　　　　　　　　　　　用例数
increase	増大する	496
be inhibited	阻害される ❶	379
be increased	増大する	298
be reduced	低下する ❷	250
decrease	低下する ❸	188
be enhanced	増強される ❹	138
be stimulated	刺激される	137
be blocked	ブロックされる	112
be induced	誘導される	102
be decreased	低下する	101

●性質に関する表現
be required	必要とされる ❺	585
require	〜を必要とする ❻	392
be regulated	調節される ❼	292
be associated with 〜	〜と関連している	268
be dependent on 〜	〜に依存している	145
be present	存在する	145
be mediated	仲介される ❽	107
play	〜を果たす	103

●発生・同定に関する動詞
be observed	観察される ❾	465
be detected	検出される	310
be found	見つけられる ❿	216
occur	起こる	190

●計画・遂行に関する動詞
be measured	測定される	278
be determined	決定される	147
be assessed	評価される ⓫	109

●解釈・結果に関する表現
appear	〜のようである	191
result in 〜	〜という結果になる	189
remain	〜のままである	186
be necessary	必要である	153
be essential for 〜	必須である	139
lead to 〜	〜につながる ⓬	125

◆冠詞
複数形の用例もあるが，無冠詞単数形の用例がかなり多い．

例文

❶ Esterase **activity was inhibited by** paraoxon and dichlorvos. (J Biol Chem. 2007 282:18348)
（エステラーゼ活性が，パラオクソンとジクロルボスによって阻害された）

❷ Cytochrome c oxidase **activity is reduced in** these mutants. (J Biol Chem. 2002 277:31237)
（チトクロム c 酸化酵素の活性は，これらの変異体において低下している）

❸ **Activity decreased** approximately 10-fold as the DNA tension was increased from 0.03 to 0.7 pN. (Biophys J. 2006 91:4154)
（活性は，およそ 10 倍低下した）

❹ Human ASBT promoter **activity was enhanced by** c-jun and repressed by a dominant negative c-jun, c-fos, or a dominant negative c-fos. (Gastroenterology. 2006 131:554)
（ヒト ASBT プロモータ活性が，c-jun によって増強された）

❺ MEKK1 kinase **activity is required for** ubiquitylation of MEKK1. (J Biol Chem. 2003 278:1403)
（MEKK1 キナーゼ活性が，MEKK1 のユビキチン化のために必要とされる）

❻ These findings demonstrate that full Crb2 **activity requires** phosphorylation of threonine-215 by Cdc2. (Mol Cell Biol. 2005 25:10721)
（完全な Crb2 活性は，Cdc2 によるスレオニン -215 のリン酸化を必要とする）

⑦ Nuclear hormone receptors (NRs) are transcription factors whose activity is regulated by ligands and by coactivators or corepressors. (*J Biol Chem. 2001 276:38272*)
〔核内ホルモン受容体(NR)は,その活性がリガンドによって調節される転写因子である〕

⑧ Lon is an oligomeric serine protease whose proteolytic activity is mediated by ATP hydrolysis. (*Biochemistry. 2006 45:11432*)
(Lonは,そのタンパク質分解活性がATPの加水分解によって仲介されるオリゴマーのセリンプロテアーゼである)

⑨ Only reductase activity was observed in living cells, evidenced by the restricted conversion of cortisone to cortisol. (*J Immunol. 2005 174:879*)
(還元酵素活性のみが,生細胞において観察された)

⑩ However, RhoA activity was found to increase with BAK treatment. (*Invest Ophthalmol Vis Sci. 2007 48:2001*)
(RhoA活性が,BAK処理によって増大することが見つけられた)

⑪ Caspase-9 activity was assessed by a fluorometric assay. (*Transplantation. 2002 74:1063*)
(カスパーゼ9活性が,蛍光定量的アッセイによって評価された)

⑫ Notch activity leads to downregulation of String and Dacapo, and activation of Fzr. (*Development. 2004 131:3169*)
(Notch活性は,StringとDacapoの下方制御につながる)

expression （発現） 【名詞】186408

expression 185704
expressions   704

expression は,遺伝子・メッセンジャー RNA・タンパク質の発現に対して用いられる.

◆ expression と共によく使われる動詞

●変化に関する動詞 用例数
increase	増大する ❶	486
be induced	誘導される ❷	412
be increased	増大する ❸	396
be up-regulated (be upregulated)	上方制御される ❹	258
be reduced	低下する	184
decrease	低下する	172
be down-regulated (be downregulated)	下方制御される ❺	154
be decreased	低下する	119
be elevated	上昇する	105
be inhibited	抑制される	95

●性質に関する動詞
be regulated	調節される ❻	422
be restricted	制限される ❼	295
be associated with ～	～と関連している	294
require ～	～を必要とする	190
be required	必要とされる	161
correlate with ～	～と相関する ❽	132
be controlled	制御される	124
suggest ～	～を示唆する	112
be mediated	仲介される	102
be dependent on ～	～に依存している	97

●発生・同定に関する動詞
be observed	観察される ❾	399
be detected	検出される ❿	388
occur	起こる ⓫	295
be found	見つけられる	224
be seen	見られる	95

●解釈・結果に関する動詞
result in ～	～という結果になる ⓬	321
lead to ～	～につながる	197
appear ～	～のようである	163
remain ～	～のままである	134

●計画・遂行に関する動詞
be examined	調べられる ⓭	148
be determined	決定される	133
be assessed	評価される	97
be analyzed	分析される	96

◆冠詞
複数形の用例は非常に少ない.無冠詞の用例がかなり多い.

例文

❶ Whereas renal HO-1 mRNA **expression increased in** wild-type mice, it was attenuated in Nrf2-null mice. (*Mol Pharmacol. 2007 71:817*)
(腎臓 HO-1 メッセンジャー RNA 発現は，野生型マウスにおいて増大した)

❷ Ngb **expression is induced by** hypoxia and ischemia, and Ngb protects neurons from these insults. (*Gene. 2007 398:172*)
(Ngb 発現は，低酸素と虚血によって誘導される)

❸ Hsp70 **expression was increased in** pancreatic cancer cells compared with normal pancreatic ductal cells. (*Cancer Res. 2007 67:616*)
(Hsp70 発現が，膵がん細胞において増大した)

❹ We show that STARS **expression is up-regulated in** mouse models of cardiac hypertrophy and in failing human hearts. (*J Clin Invest. 2007 117:1324*)
(STARS 発現は，心肥大のマウスモデルにおいて上方制御されている)

❺ D During embryonic vasculogenesis, CD24 **expression is down-regulated** in human embryonic stem cells. (*Proc Natl Acad Sci USA. 2007 104:14472*)
(CD24 発現は，ヒト胚性幹細胞において下方制御されている)

❻ Here, we demonstrate that p27 (Kip1) **expression is regulated by** multiple mechanisms in melanoma cells. (*Oncogene. 2007 26:1056*)
〔p27 (Kip1) 発現は，複数の機構によって調節される〕

❼ Its **expression is restricted to** the germ line, specifically to pachytene and diplotene spermatocytes and early spermatids. (*Development. 2007 134:3507*)
(それの発現は，生殖系列に限られている)

❽ Further, reduced Stat3 **expression correlated with** increased sensitivity to apoptotic stimuli. (*J Biol Chem. 2006 281:17707*)
(低下した Stat3 発現が，アポトーシス性刺激に対する増大した感受性と相関した)

❾ p73 protein **expression was observed** in 19 (30%) patients, cytoplasmic p15 in 19 (31%), and p57 in 40 (70%). (*J Clin Oncol. 2005 23:3932*)
(p73 タンパク質発現が，19 人(30%)の患者において観察された)

❿ Bsx-lacZ **expression was detected in** the hypothalamus and pineal gland and reiterates Bsx expression. (*Mol Cell Biol. 2007 27:5120*)
(Bsx-lacZ 発現が，視床下部と松果体において検出された)

⓫ Rhythmic GFP **expression occurred in** both VIP and AVP neurons. (*J Neurosci. 2003 23:1441*)
(リズミックな GFP 発現が，VIP ニューロンと AVP ニューロンの両方において起こった)

⓬ However, high level shRNA **expression resulted in** activation of the interferon response. (*J Biol Chem. 2008 283:2120*)
(高いレベルの低分子ヘアピン型 RNA 発現が，インターフェロン応答の活性化という結果になった)

⓭ Glutamate receptor **expression was examined in** tissue samples from rat knee joints and in human fibroblast-like synoviocytes (FLS). (*Arthritis Rheum. 2007 56:2523*)
(グルタミン酸受容体の発現が，ラット膝関節からの組織サンプルにおいて調べられた)

level (レベル)
【名詞】125218

levels 89477
level 35741

level は，様々な物質の量を示すときに用いられる．複数形の用例が多い．

◆ level と共によく使われる動詞

● 変化に関する動詞
		用例数
increase	増大する ❶	758
be increased	増大する	414
be elevated	上昇する ❷	379
decrease	低下する ❸	325
be reduced	低下する	283
be decreased	低下する ❹	142
rise	上昇する	117
decline	低下する	106
be unchanged	変化しない	87

● 性質に関する動詞
be associated with ~	~と関連している ❺	230
be higher	より高い	185
be similar	類似している	153
be lower	より低い	126
be low	低い	100
be regulated	調節される	80

● 計画・遂行に関する動詞
be measured	測定される ❻	324
be determined	決定される ❼	198

● 解釈・結果の動詞
remain ~	~のままである ❽	297

● 同定に関する動詞
be observed	観察される	183
be found	見つけられる	128

例文

❶ p53 protein **levels increased significantly** in the medulla over 24 h post-ischemia. (*J Am Soc Nephrol.* 2003 14:128)
（p53 タンパク質レベルは，髄質において有意に増大した）

❷ Superoxide **levels are elevated in** the retina in patients with diabetes, and cytochrome c is released from the mitochondria. (*Invest Ophthalmol Vis Sci.* 2007 48:3805)
（スーパーオキシドのレベルは，糖尿病の患者の網膜において上昇している）

❸ TG and cholesterol **levels decreased by** approximately 50% in liver, 69% in spleen and 50% in small intestine. (*Hum Mol Genet.* 2001 10:1639)
（トリグリセリドとコレステロールのレベルが，肝臓においておよそ50％低下した）

❹ Plasma adiponectin **levels are decreased in** obese individuals, and low adiponectin levels predict insulin resistance and type 2 diabetes. (*Diabetes.* 2005 54:284)
（血漿アディポネクチンのレベルは，肥満の個々人において低下している）

❺ Elevated plasma homocysteine **levels are associated with** increased risk of vascular disease. (*JAMA.* 2003 289:1251)
（上昇した血漿ホモシステインのレベルが，血管疾患の増大したリスクと関連している）

❻ Serum ferritin levels were measured in 24 of 32 subjects and were below 50 μg/L in 20 of 24 subjects（83%）.（*Ann Neurol. 2004 56:803*）
（血清フェリチンのレベルが，32人中24人の被検者において測定された）

❼ Ocular VEGF levels were determined by Western blot analysis of whole eye extracts from postnatal day（P）15 mice during OIR.（*Invest Ophthalmol Vis Sci. 2007 48:2327*）
（眼球のVEGFのレベルが，〜のウエスタンブロット解析によって決定された）

❽ Immunoblot analysis revealed that CgtA protein levels remained constant throughout the *C. crescentus* cell cycle.（*J Bacteriol. 1997 179:6426*）
（CgtAのタンパク質レベルが，*C. crescentus* の細胞周期の間ずっと一定のままであった）

production （産生）【名詞】33432

production	33419
productions	13

productionは，タンパク質の産生などに対して用いられる．産生量を意味することも多い．production of 〜の用例が非常に多い．

◆ production と共によく使われる動詞

		用例数
●変化に関する動詞		
increase	増大する	77
be increased	増大する	55
be inhibited	抑制される ❶	52
be reduced	低下する	43
●発生・同定に関する動詞		
occur	起こる	58
be observed	観察される	52
●計画・遂行に関する動詞		
be measured	測定される	51

◆冠詞
複数形で用いられることはほとんどない．the production of 〜の用例は非常に多いが，それ以外はほとんど無冠詞で用いられる．

例文

❶ However, whereas B7-1 expression on APCs can promote IL-4 production, IL-4 production is inhibited by B7-1 on T cells.（*J Immunol. 1999 163:4819*）
（IL-4の産生は，B7-1によって抑制される）

concentration （濃度）【名詞】46422

concentrations	25140
concentration	21282

concentrationは，溶液の濃度の意味で用いられることが多い．複数形の用例がかなり多い．

◆ concentration と共によく使われる動詞

		用例数
●変化に関する動詞		
increase	増大する ❶	343
decrease	低下する	139
be increased	増大する	113
be reduced	低下する	60
be elevated	上昇する	43

●計画・遂行に関する動詞		
be measured	測定される ❷	224
be determined	決定される ❸	87
●性質に関する動詞		
be associated with	～～と関連している	93
be higher	より高い	91

◆**英文の組み立て例**
「高濃度のグルコースは，PTEN の発現を低下させる」
High concentrations of glucose decrease PTEN expression. **S** + **V**

例文

❶ Extracellular glutamate concentrations increased from 1.5 ± 0.3 to 4.3 ± 0.9 ng/5 μL during the contraction. (*Brain Res. 1999 844:164*)
（細胞外グルタミン酸濃度が，1.5 ± 0.3 ng/μL から 4.3 ± 0.9 ng/μL へ増大した）

❷ Adiponectin and tumor necrosis factor α concentrations were measured in fasting serum. (*Am J Clin Nutr. 2006 84:1033*)
（アディポネクチンと腫瘍壊死因子αの濃度が，空腹時血清において測定された）

❸ Plasma folate concentrations were determined by radioassay. (*Am J Clin Nutr. 2004 80:1024*)
（血漿葉酸濃度がラジオアッセイによって決定された）

dose （用量）【名詞】33448

dose 25396
doses 8052

dose は，薬の投与量に対して使われることが多い．

◆ dose と共によく使われる動詞

		用例数
●変化に関する動詞		
increase	増大する	40
be escalated	増やされる ❶	36
be reduced	低下する	33
range from ～ to …	～から…の範囲である	30
●計画・遂行に関する動詞		
be administered	投与される	28
be calculated	計算される	28
●結果に関する動詞		
result in ～	～という結果になる	34

例文

❶ The TCRT dose was escalated from 78 to 90 Gy without dose-limiting toxicity. (*J Clin Oncol. 2004 22:4341*)
（TCRT 用量が，78 グレイから 90 グレイに増やされた）

value (値) 【名詞】 26038

values 16156
value 9882

value は，計算した値などに対して用いられる．

◆ value と共によく使われる動詞

●変化に関する動詞 用例数
range from ～ to …	～から…の範囲である ❶	79
increase	増大する	78
decrease	低下する	54
vary	変動する	38

●性質に関する表現
be similar	類似している	73
be consistent with ～	～と一致している	47
indicate ～	～を示す	40
be used	使われる	38

●計画・遂行に関する動詞
be obtained	得られる ❷	65
be calculated	計算される ❸	60
be determined	決定される	48
be measured	測定される	36

例文

❶ Kd **values ranged from** 27 to 97 nM. (*Biochemistry. 1998 37:3250*)
(Kd 値は，27 nM から 97 nM の範囲であった)

❷ Similar IC50 **values were obtained for** each compound with all of the methods. (*Anal Biochem. 2002 307:159*)
(類似の IC50 値が，各々の化合物に対して得られた)

❸ τ **values were calculated from** this model. (*J Nucl Med. 1999 40:1358*)
(τ 値が，このモデルから計算された)

rate (率／速度) 【名詞／動詞】 71177

rate 46606
rates 24571

rate は，比率や速度を述べるときに用いられる．

◆ rate と共によく使われる動詞

●変化に関する動詞 用例数
increase	増大する	330
decrease	低下する ❶	180
be increased	増大する	70
be reduced	低下する	58
range from ～ to …	～から…の範囲である	47

●発生・検出に関する動詞
be observed	観察される ❷	127
be found	見つけられる	60

●観察・測定に関する動詞
be measured	測定される ❸	84
be determined	決定される	82
be calculated	計算される	78
be compared	比較される	52

●性質に関する動詞
be similar	類似している ❹	213
be higher	より高い	165
be lower	より低い	95

●解釈・結果の動詞
remain	～のままである	76

◆英文の組み立て例

the rate of の用例が多い．
「骨形成の速度が低下した」
The <u>rate</u> of bone formation <u>was reduced</u>.
　　　S　　　　　　　＋　　　V

例文

❶ Mortality **rates decreased from** 3.65% in 1988 to 2.65% in 1994 ($P < 0.001$). (*Ann Intern Med. 1996 124:884*)
（死亡率が，1988年の3.65%から1994年の2.65%へ低下した）

❷ A better **survival rate was observed** consistently in CD4 KO, as compared with CD8 KO recipients. (*J Immunol. 2003 170:3024*)
（よりよい生存率が，CD4ノックアウトにおいて常に観察された）

❸ Tear clearance **rates were measured with** a fluorophotometer. (*Invest Ophthalmol Vis Sci. 2006 47:2445*)
（涙のクリアランス速度が，蛍光光度計で測定された）

❹ Survival **rates were similar** regardless of FISH status. (*J Clin Oncol. 2006 24:1831*)
（生存率は，～にかかわらず類似していた）

ratio （比／率）【名詞】23503

ratio 18032
ratios 5471

ratioは，比を述べるときに用いられ，速度を意味することはあまりない．

◆ ratio と共によく使われる動詞

●変化に関する動詞　　　　　　　　　　用例数
increase	増大する	112
decrease	低下する	56
be increased	増大する	32
range from ～ to …	～から…の範囲である	24

●計画・遂行に関する動詞
be calculated	計算される ❶	80
be determined	決定される	38

●解釈・結果の動詞
remain	～のままである	37

●発生・同定に関する動詞
be observed	観察される	34

例文

❶ Odds ratios were calculated for each genotype separately and for potential gene-gene interactions.
（Am J Hum Genet. 2000 67:623）
（オッズ比が，各々の遺伝子型に対して計算された）

Column

increase か be increased か？

increase は，自動詞と他動詞の両方でよく用いられる．自動詞の increase と他動詞の be increased とでは，ほぼ同じ意味になるので注意が必要である．増大させる主体がハッキリしている場合には be increased by の形を用いてもよいが，それ以外の場合には，回りくどい表現を避けて自動詞として使う方が望ましい．また，自動詞と他動詞を混合して使うのも避けるべきであろう．また，対義語の decrease も increase と同様に，自動詞と他動詞の両方でよく用いられ，用法はほぼ同じである．

「変化」を表す動詞の使い分け

be increased と be elevated はほぼ同じ意味で用いられる．expression が主語の時は，be up-regulated もよく使われる．be induced は，expression や activity が主語の場合に用いられる．「誘導される」という意味なので，be induced by のパターンが多い．また，この傾向はそれぞれの対義語にも同様にあてはまる．
be inhibited や be suppressed は，be inhibited by や be suppressed by のパターンで用いられることが多い．酵素活性などには be inhibited が用いられことが多く，遺伝子発現やプロモーター活性には be suppressed がよく用いられる．be suppressed の代わりに be repressed が使われることもある．

「する」と「させられる」

日本語の「抑制する」や「誘導する」は他動詞であるが，一方，同じ「する」でも「低下する」や「上昇する」は自動詞である．そこで，これらを他動詞にするためには，「低下させる」や「上昇させる」にしなければならない．さらにこれらの他動詞を受動態にすると，「誘導される」や「低下させられる」となる．「誘導される」は自然な表現であるが，「低下させられる」は非常にぎこちない日本語ではないだろうか．実際，このような日本語はあまり使わないので，日本語では「低下させられる」の代わりに「低下する」が用いられているのであろう．そこで，「低下する」などの日本語の自動詞を英語に置き換えるときは，受動態を用いること考えなければならない．

第2部　主語別にみる 主語−動詞の組み合わせ＋例文 500

15章
「目的」を主語にする文をつくる

　「目的」の名詞は，「この研究の目的は，〜することである」という文脈の場合に用いられる．動詞は be to do 〜のパターンがほとんどである．

※名詞の分類については第 1 部 23 ページ参照

◆ 主語になる「目的」の名詞とその使い分け

| purpose（目的），
aim（目的），
objective（目的），
goal（目的／ゴール） | purpose of 〜 was to *do* …（〜の目的は…することであった）のパターンが多い．aim was to *do* …（目的は…することであった）のようなパターンも用いられる． |

◆「目的」の分類の名詞と組み合わせてよく使われる動詞

i. 遂行・評価（決定すること，調べること，評価すること，など）	be to determine / be to examine / be to investigate / be to assess / be to evaluate / be to test / be to compare / be to develop
ii. 同定（同定すること）	be to identify
iii. 解釈・結果（特徴づけること，など）	be to characterize / be to define

◆名詞-動詞の組み合わせの頻度

名詞（主語） \ 動詞		i. 遂行・評価					
		決定することである be to determine	調べることである be to examine	精査することである be to investigate	評価することである be to assess	評価することである be to evaluate	テストすることである be to test
purpose of～	～の目的	1014	322	255	171	320	111
aim of～	～の目的	603	173	250	126	167	73
aim	目的	126	28	42	53	4	20
objective of～	～の目的	389	122	71	65	93	55
objective	目的	227	68	40	60	62	32
goal of～	～の目的	363	96	77	61	77	44
goal	目的	106	34	24	23	28	12

名詞（主語） \ 動詞		i. 遂行・評価		ii. 同定	iii. 解釈・結果	
		比べることである be to compare	開発することである be to develop	同定することである be to identify	特徴づけることである be to characterize	定義することである be to define
purpose of～	～の目的	174	58	134	94	37
aim of～	～の目的	96	43	99	67	39
aim	目的	21	11	27	9	5
objective of～	～の目的	53	31	65	39	23
objective	目的	48	21	26	11	9
goal of～	～の目的	29	57	100	40	35
goal	目的	14	25	40	16	8

■使いこなしのポイント■

以下のようなパターンをマスターしよう．

to 不定詞を後ろに伴う受動態表現

The purpose of this study was to determine ～．（この研究の目的は～を決定することであった）

Our aim was to assess ～．（我々の目的は～を評価することであった）

purpose （目的／目標）【名詞】5570

purpose 4859
purposes 711

the purpose of ～ の用例が非常に多い．

◆ purpose of と共によく使われる表現

●遂行・評価に関する表現　　　　　　　　　　　　用例数
be to determine ～	～を決定することである ❶	1014
be to examine ～	～を調べることである ❷	322
be to evaluate ～	～を評価することである ❸	320
be to investigate ～	～を精査することである	255
be to compare ～	～を比較することである	174
be to assess ～	～を評価することである	171
be to test ～	～をテストすることである	111
be to develop ～	～を開発することである	58
be to analyze ～	～を解析することである	42

●解釈・結果に関する表現
be to characterize ～	～を特徴づけることである	94
be to describe ～	～を述べることである	68
be to review ～	～を概説することである	68
be to provide ～	～を提供することである	58
be to summarize ～	～を要約することである	56

●同定に関する表現
be to identify ～	～を同定することである	134

例 文

❶ The purpose of this study was to determine whether paracrine secretion of vitamin C from the adrenal glands occurs. (Am J Clin Nutr. 2007 86:145)
（この研究の目的は，～かどうかを決定することであった）

❷ The purpose of this study was to examine the effects of ACE inhibition on cardiac gene expression after MI. (Circulation. 2001 103:736)
（この研究の目的は，～に対する ACE 阻害の影響を調べることであった）

❸ The purpose of this study was to evaluate the efficacy of early goal-directed therapy before admission to the intensive care unit. (Ann Surg. 2007 246:683)
（この研究の目的は，～の有効性を評価することであった）

aim （目的）【名詞／動詞】3894

aim 3244
aims 650

動詞としても用いられるが，名詞の用例の方が多い．the aim of ～ の用例が非常に多い．

◆ aim と共によく使われる表現

●遂行・評価に関する表現　　　　　　　　　　　　用例数
be to determine ～	～を決定することである ❶	126
be to assess ～	～を評価することである	53

◆ aim of と共によく使われる表現

●計画・遂行に関する表現　　　　　　　　　　　　　用例数
表現	意味	数
be to determine ～	～を決定することである	603
be to investigate ～	～を精査することである ❷	250
be to examine ～	～を調べることである	173
be to evaluate ～	～を評価することである	167
be to assess ～	～を評価することである	126
be to compare ～	～を比較することである	96
be to test ～	～をテストすることである	73
be to develop ～	～を開発することである	43

●解釈・結果に関する表現
| be to characterize ～ | ～を特徴づけることである | 67 |

●同定に関する表現
| be to identify ～ | ～を同定することである | 99 |

◆英文の組み立て例
aim of ～ be to *do* のパターン（❷）だけでなく，our aim be to *do* のパターン（❶）もよく使われる．

例文

❶ Our aim was to determine the effect of IL-10 administration in patients with HCV-related liver disease. (*Gastroenterology. 2007 133:1938*)
（我々の目的は，IL-10 投与の効果を決定することであった）

❷ The aim of the present study was to investigate the role of adenosine in this depression. (*J Physiol. 2003 549:613*)
（現在の研究の目的は，～におけるアデノシンの役割を精査することであった）

objective 【名詞】3867　（目的）

objective 3402
objectives 465

「目的」だけでなく，「対物の，客観的な」という意味もある．

◆ objective of と共によく使われる表現

●遂行・評価に関する表現　　　　　　　　　　　　　用例数
be to determine ～	～を決定することである ❶	389
be to examine ～	～を調べることである	122
be to evaluate ～	～を評価することである	93
be to investigate ～	～を精査することである	71
be to assess ～	～を評価することである	65
be to test ～	～をテストすることである	55
be to compare ～	～を比較することである	53

●同定に関する表現
| be to identify ～ | ～を同定することである | 65 |

●解釈・結果に関する表現
| be to characterize ～ | ～を特徴づけることである | 39 |

◆ objective と共によく使われる表現

●遂行・評価に関する表現　　　　　　　　　　　　　用例数
be to determine ～	～を決定することである	227
be to examine ～	～を調べることである	68
be to evaluate ～	～を評価することである	62
be to assess ～	～を精査することである ❷	60

◆英文の組み立て例
主語としては，The objective of ～のパターン（❶）だけでなく，Our objective や The objective（of なし）のパターン（❷）もよく使われる．

「我々の目的は～を決定することであった」
Our objective was to determine ～．
　　S ＋ V

be to compare ～	～を比較することである	48
be to investigate ～	～を精査することである	40

例文

❶ **The objective of our study was to determine if** school dental screening of children reduces untreated disease or improves attendance at the population level. （*J Physiol. 2003 549:613*）
（我々の研究の目的は，～かどうかを決定することであった）

❷ **The objective was to assess** the relationship between numbers of teeth and diet and nutritional status in US adult civilians without prostheses. （*J Dent Res. 2007 86:1171*）
（目的は，～の間の関連を評価することであった）

goal （目的／ゴール）【名詞】4593

goa 3738
goals 855

the goal of ～の用例が非常に多い．

◆ goal と共によく使われる動詞

●遂行・評価に関する表現　　　　　　　　　　　用例数
be to determine ～	～を決定することである	106
be to examine ～	～を調べることである	34

●同定に関する表現
be to identify ～	～を同定することである	40

◆ goal of と共によく使われる表現

●遂行・評価に関する表現　　　　　　　　　　　用例数
be to determine ～	～を決定することである	363
be to examine ～	～を調べることである	96
be to investigate ～	～を精査することである	77
be to evaluate ～	～を評価することである	77
be to assess ～	～を評価することである	61
be to develop ～	～を開発することである	57
be to test ～	～をテストすることである	44

●同定に関する表現
be to identify ～	～を同定することである ❶	100

●解釈・結果に関する表現
be to characterize ～	～を特徴づけることである	40
be to define ～	～を定義することである	35

例文

❶ **The goal of this study was to identify** novel proteins that interact with ecSOD. （*Circ Res. 2004 95:1067*）
（この研究の目的は，新規のタンパク質を同定することであった）

第1部 索引

欧文

A～D

Abstract	55
apparently	66
author	22
be performed	34
can	58, 60, 61
conclude	33
considerably	63, 64
could	58, 60, 61
demonstrate	32
Discussion	17, 55
dramatically	62, 64
drastically	62

E～I

examined	33
extremely	64
far	63, 64
found	35
greatly	62
identification	41
imply	34
ing	48
in part	67
Introduction	17, 54
investigated	32
It ... that	49

L・M

largely	67
mainly	67
marginally	65
markedly	62, 63, 64
Materials and Methods	17, 47, 55
may	58, 60
might	58, 60
moderately	64, 65
modestly	65
mostly	67
much	63, 64
must	58, 60, 61

P・R

partially	64, 65
partly	67
perhaps	66
possibly	66, 67
presumably	66
primarily	67
probably	66, 67
relatively	64, 65
remarkably	64
requires	35
Results	17, 48, 55
reveals	33

S～W

should	58, 60, 61
show	31
significantly	62, 63, 64
slightly	65
somewhat	64, 65
strikingly	64
strongly	62
substantially	62, 63, 64
suggest	32
support	33
unusually	64
very	64
we	22, 27
will	58, 60
would	58, 60

和文

あ行・か行

英文コーパス	83
過去形	53
可算	68
可算名詞	69, 70
可能性	58, 66
冠詞	68, 80
聞き手の意識	80
義務	61
現在完了形	53
現在形	52
コーパス解析	30

さ行

サブセクション	17
指示代名詞	71
時制	52
下書き	18
下準備	16
自動詞＋形容詞	42
自動詞＋前置詞	43
自動詞＋名詞	42
主語	18, 22
主語－動詞	29
主語－動詞の骨格	24
主語と動詞の組み合わせ	25
受動態	46
受動態＋前置詞	44
序数詞	85
助動詞	58
推測	66

た行・な行

他動詞＋名詞	38
段落	17
定冠詞 the	71
程度	62
同格の that 節	79
動詞＋前置詞	43
長めの主語	24
日本人英語コーパス	83
能動態	20
能力	61

は行～ら行

必要	61
不可算	68
不可算名詞	68
副詞	62
副詞句	38, 43
複数形	69, 70
不定冠詞	71
補語	38, 42
無冠詞	70
名詞＋of	73
名詞＋to do	78
目的語	38
予想	60
ロジック	19
論文の書き方	16

第2部 索引

※**太字**は見出し語になっている名詞
赤字は例文が載っている動詞

欧文

A

accumulate	153
activation	177, **183**
activity	205, **208**
address	90, 95
aim	97, 217, **219**
allow	99, 106, 111, 123, 126
alteration	177, **181**
analysis	99, **106**
analyze	90, 92
apoptosis	141, **147**
appear	151, 177, 188, 197, 205
approach	123, **126**
argue	111, 115
article	90, **96**
assay	99, **107**
assembly	141, **146**
assess	90
association	197, **202**
author	90, **94**

B

be accompanied by	177, 180
be activated	156, 192
be analyzed	111, 115, 122, 133
be applied	123, 125, 126, 129
be assessed	190, 205, 208
be associated with	141, 148, 151, 159, 161, 163, 164, 167, 170, 177, 180, 188, 197, 199, 205, 211
be associated with〜	204
be available	115
be based on	99, 108, 123, 125, 126, 132
be blocked	141, 177, 181, 188, 197, 199, 205
be calculated	205, 215
be carried out	99, 104
be caused by	161, 164
be characterized	161
be characterized by	164
be cloned	154
be collected	111, 115, 122
be compared	111, 114
be conducted	99, 102
be confirmed	111, 117
be conserved	172, 176
be consistent with	114
be constructed	139
be cultured	136
be decreased	205, 211
be defective	139
be described	123, 125
be designed to	99, 102
be detected	141, 143, 151, 153, 177, 180, 197, 200, 205, 209
be determined	121, 205, 211, 213
be developed	123, 125, 128, 130, 131
be discontinued	167, 169
be discussed	111, 114
be done	99
be down-regulated	209
be elevated	205, 211
be employed	123, 126, 129
be enhanced	205, 208
be enrolled	138
be escalated	213
be evaluated	138, 205
be examined	133, 190, 205, 209
be exposed	133, 136
be expressed	151, 153, 156
be followed	138
be formed	158
be found	111, 133, 136, 139, 141, 143, 151, 155, 172, 175, 177, 180, 188, 197, 202, 203, 205, 208
be generated	133, 135
be identified	133, 136, 143, 151, 154, 172, 174, 175
be immunized	135
be increased	141, 151, 153, 205, 209
be independent of	199
be induced	147, 151, 153, 154, 205, 209
be infected	133, 136
be inhibited	141, 146, 147, 149, 177, 183, 188, 200, 205, 208, 212
be initiated	167, 170, 188
be injected	133, 135
be introduced	144
be involved in	151, 155, 172, 176, 188, 192
be isolated	133, 136, 151
be known	120, 151
be localized	151, 155, 156
be located	151, 154, 157, 172, 174, 176
be mapped	172, 174, 175
be measured	205, 211, 213, 215
be mediated	148, 177, 183, 185, 188, 193, 194, 195, 197, 199, 201, 205, 208
be mutated	172, 174
be necessary	157
be needed	99, 102, 105, 127
be noted	197, 203
be observed	111, 114, 121, 141, 145, 147, 151, 165, 174, 177, 180, 181, 182, 184, 185, 188, 197, 199, 200, 202, 203, 205, 208, 209, 214
be obtained	111, 122, 214
be performed	99, 102, 104, 106, 109, 110, 123, 128
be present	155
be presented	111, 119, 125, 131, 171
be proposed	131, 191
be randomized	138
be reduced	141, 205, 208
be regulated	151, 154, 188, 194, 205, 208, 209
be replaced	172, 176
be required	99, 105, 141, 143, 146, 147, 151, 155, 158, 172, 174, 183, 188, 190, 192, 193, 201, 205, 208
be rescued	165
be restricted	209
be reversed	185, 199

223

be seen ⋯⋯⋯⋯⋯⋯ 177, 180, 197, 199	contribute to ⋯⋯⋯⋯ 188, 191, 192, 193	explore ⋯⋯⋯⋯⋯⋯⋯⋯⋯⋯⋯⋯ 90, 96
be similar ⋯⋯⋯⋯⋯⋯⋯⋯⋯⋯⋯⋯⋯ 215	correlate with ⋯⋯⋯⋯⋯⋯ 177, 205, 209	expression ⋯⋯⋯⋯⋯⋯⋯⋯⋯⋯ 205, 209
be solved ⋯⋯⋯⋯⋯⋯⋯⋯⋯⋯⋯⋯⋯ 121	correlation ⋯⋯⋯⋯⋯⋯⋯⋯⋯⋯ 197, 202	
be stimulated ⋯⋯⋯⋯⋯⋯⋯⋯⋯⋯⋯ 136	cover ⋯⋯⋯⋯⋯⋯⋯⋯⋯⋯⋯⋯⋯⋯⋯⋯ 97	**F**
be studied ⋯⋯⋯⋯⋯⋯⋯⋯⋯⋯⋯⋯⋯ 133		factor ⋯⋯⋯⋯⋯⋯⋯⋯⋯⋯⋯⋯ 151, 158
be supported ⋯⋯⋯⋯⋯⋯ 123, 131, 132	**D**	fail to ⋯⋯⋯⋯⋯⋯⋯⋯⋯⋯⋯⋯ 133, 139
be suppressed ⋯⋯⋯⋯⋯⋯⋯⋯⋯⋯⋯ 205	data ⋯⋯⋯⋯⋯⋯⋯⋯⋯⋯⋯⋯⋯ 111, 115	find ⋯⋯⋯⋯⋯⋯⋯⋯⋯⋯⋯⋯ 90, 94, 99
be tested ⋯⋯⋯⋯⋯⋯⋯⋯⋯⋯ 123, 131	decrease ⋯⋯⋯⋯ 141, 177, 184, 205, 208,	finding ⋯⋯⋯⋯⋯⋯⋯⋯⋯⋯⋯ 111, 116
be to assess ⋯⋯⋯⋯⋯⋯⋯⋯⋯ 217, 220	211, 214	focus on ⋯⋯⋯⋯⋯⋯⋯⋯⋯⋯⋯ 90, 97
be to characterize ⋯⋯⋯⋯⋯⋯⋯⋯⋯ 217	defect ⋯⋯⋯⋯⋯⋯⋯⋯⋯⋯⋯⋯ 161, 165	form ⋯⋯⋯⋯⋯⋯⋯⋯⋯⋯ 151, 155, 157
be to compare ⋯⋯⋯⋯⋯⋯⋯⋯⋯⋯⋯ 217	deficiency ⋯⋯⋯⋯⋯⋯⋯⋯⋯⋯ 161, 165	formation ⋯⋯⋯⋯⋯⋯⋯⋯⋯⋯ 141, 145
be to define ⋯⋯⋯⋯⋯⋯⋯⋯⋯⋯⋯⋯ 217	define ⋯⋯⋯⋯⋯⋯⋯⋯⋯⋯⋯⋯ 111, 114	function ⋯⋯⋯⋯⋯⋯⋯⋯⋯⋯ 188, 190
be to determine ⋯⋯⋯⋯⋯ 217, 219, 220	deletion ⋯⋯⋯⋯⋯⋯⋯⋯⋯⋯⋯ 177, 187	
be to develop ⋯⋯⋯⋯⋯⋯⋯⋯⋯⋯⋯ 217	demonstrate ⋯ 90, 92, 96, 99, 102, 105,	**G**
be to evaluate ⋯⋯⋯⋯⋯⋯⋯⋯⋯ 217, 219	107, 111, 114, 118	gene ⋯⋯⋯⋯⋯⋯⋯⋯⋯⋯⋯⋯ 151, 154
be to examine ⋯⋯⋯⋯⋯⋯⋯⋯⋯ 217, 219	depend on ⋯⋯⋯⋯⋯⋯⋯⋯ 188, 190, 205	goal ⋯⋯⋯⋯⋯⋯⋯⋯⋯⋯⋯⋯ 217, 221
be to identify ⋯⋯⋯⋯⋯⋯⋯⋯⋯ 217, 221	describe ⋯⋯⋯⋯⋯ 90, 92, 95, 96, 99	grow ⋯⋯⋯⋯⋯⋯⋯⋯⋯⋯⋯⋯⋯⋯ 139
be to investigate ⋯⋯⋯⋯⋯⋯⋯ 217, 220	detect ⋯⋯⋯⋯⋯⋯⋯⋯⋯⋯⋯⋯⋯⋯⋯ 99	growth ⋯⋯⋯⋯⋯⋯⋯⋯⋯⋯⋯ 141, 149
be to test ⋯⋯⋯⋯⋯⋯⋯⋯⋯⋯⋯⋯⋯ 217	determine ⋯⋯⋯⋯⋯⋯⋯⋯⋯⋯⋯⋯⋯ 92	
be transfected with ⋯⋯⋯⋯⋯⋯⋯⋯ 136	develop ⋯⋯⋯⋯⋯⋯⋯⋯ 133, 135, 138	**H**
be treated ⋯⋯⋯⋯⋯⋯⋯⋯ 133, 136, 138	die ⋯⋯⋯⋯⋯⋯⋯⋯⋯⋯⋯⋯⋯ 133, 138	highlight ⋯⋯⋯⋯⋯⋯⋯⋯⋯⋯ 111, 117
be undertaken ⋯⋯⋯⋯⋯⋯⋯⋯⋯ 99, 102	difference ⋯⋯⋯⋯⋯⋯⋯⋯⋯⋯ 197, 203	hypothesis ⋯⋯⋯⋯⋯⋯⋯⋯⋯⋯ 123, 131
be unknown ⋯⋯⋯⋯⋯⋯⋯⋯⋯⋯⋯⋯ 190	discuss ⋯⋯⋯⋯⋯⋯⋯⋯⋯⋯⋯⋯⋯⋯ 90	hypothesize ⋯⋯⋯⋯⋯⋯⋯⋯⋯⋯⋯⋯ 92
be up-regulated ⋯⋯⋯⋯⋯⋯⋯⋯⋯⋯ 209	disease ⋯⋯⋯⋯⋯⋯⋯⋯⋯⋯⋯ 161, 164	
be used ⋯ 99, 106, 107, 108, 123, 125,	disorder ⋯⋯⋯⋯⋯⋯⋯⋯⋯⋯⋯ 161, 164	**I**
126, 127, 128, 129, 130, 131,	display ⋯⋯⋯⋯⋯⋯⋯⋯⋯⋯⋯ 133, 136	identify ⋯⋯⋯⋯⋯ 90, 97, 99, 106, 116
151, 160, 188	domain ⋯⋯⋯⋯⋯⋯⋯⋯⋯⋯⋯ 151, 157	imaging ⋯⋯⋯⋯⋯⋯⋯⋯⋯⋯⋯ 99, 110
bind to ⋯⋯⋯⋯⋯⋯⋯⋯⋯⋯⋯ 151, 155	dose ⋯⋯⋯⋯⋯⋯⋯⋯⋯⋯⋯⋯ 205, 213	implicate ⋯⋯⋯⋯⋯⋯⋯⋯⋯⋯ 111, 116
	dysfunction ⋯⋯⋯⋯⋯⋯⋯⋯⋯⋯ 161, 166	imply ⋯⋯⋯⋯⋯⋯⋯⋯⋯⋯⋯⋯ 111, 115
C		include ⋯ 99, 102, 151, 158, 165, 167, 170
cause ⋯⋯⋯⋯⋯⋯⋯ 143, 163, 167, 171	**E**	increase ⋯⋯⋯⋯ 141, 149, 165, 167, 169,
cell ⋯⋯⋯⋯⋯⋯⋯⋯⋯⋯⋯⋯⋯ 133, 136	effect ⋯⋯⋯⋯⋯⋯⋯⋯⋯⋯⋯⋯ 197, 199	177, 181, 183, 185, 205,
change ⋯⋯⋯⋯⋯⋯⋯⋯⋯⋯⋯ 177, 180	encode ⋯⋯⋯⋯⋯⋯⋯⋯⋯⋯⋯⋯ 154, 175	209, 211, 212
compare ⋯⋯⋯⋯⋯⋯⋯⋯⋯⋯⋯⋯ 90, 92	enhancement ⋯⋯⋯⋯⋯⋯⋯⋯⋯ 177, 182	indicate ⋯ 99, 102, 104, 111, 114, 115
comparison ⋯⋯⋯⋯⋯⋯⋯⋯⋯⋯⋯ 99, 109	establish ⋯⋯⋯⋯⋯⋯ 99, 102, 111, 114	induce ⋯⋯⋯⋯⋯⋯⋯⋯ 163, 167, 169, 171
complete ⋯⋯⋯⋯⋯⋯⋯⋯⋯⋯⋯⋯⋯ 138	evaluate ⋯⋯⋯⋯⋯⋯⋯⋯⋯⋯⋯⋯⋯ 90	induction ⋯⋯⋯⋯⋯⋯⋯⋯⋯⋯ 177, 182
complex ⋯⋯⋯⋯⋯⋯⋯⋯⋯⋯⋯ 151, 158	event ⋯⋯⋯⋯⋯⋯⋯⋯⋯⋯⋯⋯ 141, 143	infection ⋯⋯⋯⋯⋯⋯⋯⋯⋯⋯ 161, 163
concentration ⋯⋯⋯⋯⋯⋯⋯⋯⋯ 205, 212	evidence ⋯⋯⋯⋯⋯⋯⋯⋯⋯⋯⋯ 111, 119	inhibited ⋯⋯⋯⋯⋯⋯⋯⋯⋯⋯⋯⋯⋯ 197
conclude ⋯⋯⋯⋯⋯⋯⋯⋯⋯⋯ 90, 92, 94	evoke ⋯⋯⋯⋯⋯⋯⋯⋯⋯⋯⋯⋯ 167, 171	inhibition ⋯⋯⋯⋯⋯⋯⋯⋯⋯⋯ 177, 185
conclusion ⋯⋯⋯⋯⋯⋯⋯⋯⋯⋯ 123, 132	examination ⋯⋯⋯⋯⋯⋯⋯⋯⋯⋯ 99, 109	initiate ⋯⋯⋯⋯⋯⋯⋯⋯⋯⋯⋯⋯⋯ 148
confer ⋯⋯⋯⋯⋯⋯⋯⋯⋯⋯⋯⋯⋯⋯ 144	examine ⋯⋯⋯⋯⋯ 90, 92, 94, 95, 99, 102	interaction ⋯⋯⋯⋯⋯⋯⋯⋯⋯⋯ 197, 201
confirm ⋯⋯⋯⋯⋯⋯ 99, 104, 106, 111, 114	exhibit ⋯⋯⋯⋯⋯⋯⋯⋯ 133, 135, 138, 139	interact with ⋯⋯⋯⋯⋯⋯⋯⋯⋯⋯⋯ 157
consist of ⋯⋯⋯⋯⋯⋯⋯⋯⋯⋯⋯⋯⋯ 130	exist ⋯⋯⋯⋯ 111, 115, 119, 191, 197, 203	investigate ⋯⋯⋯⋯⋯⋯⋯⋯ 90, 92, 102
construct ⋯⋯⋯⋯⋯⋯⋯⋯⋯⋯⋯ 151, 160	experience ⋯⋯⋯⋯⋯⋯⋯⋯⋯⋯⋯⋯ 138	investigation ⋯⋯⋯⋯⋯⋯⋯⋯⋯ 99, 103
contain ⋯⋯ 151, 155, 157, 158, 172, 175	experiment ⋯⋯⋯⋯⋯⋯⋯⋯⋯⋯ 99, 104	involve ⋯ 123, 127, 177, 188, 191, 192, 194

※**太字**は見出し語になっている名詞
赤字は例文が載っている動詞

L

項目	ページ
lead to	161, **163**, **165**, 167, **169**, 177, **183**, 188, **190**, 205, **208**
level	205, **211**
locus	172, **175**
loss	177, **186**

M

項目	ページ
mechanism	188, **191**
mediate	151, **156**, **157**, 188, **192**
method	123, **125**
methodology	123, **127**
mice	133
model	111, **119**, 123, **131**
molecule	151, **159**
mouse	**135**
mRNA	151, **153**
mutant	133, **139**
mutation	141, **143**

O

項目	ページ
objective	217, **220**
observation	111, **118**
occur	141, **143**, **145**, **146**, **147**, 161, **163**, **166**, 177, **180**, **181**, **182**, **183**, **185**, **186**, 188, **195**, 197, **200**, **201**, 205, **209**
offer	123

P

項目	ページ
paper	90, **95**
pathway	188, **192**
patient	133, **137**
phosphorylation	141, **147**
play	151, **155**, **158**, **176**, 188, **192**, **193**
predict	**131**
present	90, **92**, **95**
procedure	123, **128**
process	188, **194**
produce	133, **136**, **139**
production	205, **212**
proliferation	141, **149**
propose	90, **92**
protein	151, **155**
protocol	123, **128**

R

項目	ページ
provide	90, **97**, 99, **102**, 111, **116**, **118**, **119**, **120**, 123, **125**, **126**, **129**, **130**, 191
purpose	217, **219**
raise the possibility	111, **117**
range from	205
range from 〜 to	**214**
rate	205, **214**
ratio	205, **215**
receive	**135**
receptor	151, **156**
reduce	**144**, 167, **169**, **170**
reduction	177, **184**
region	172, **174**
regulate	**147**, **158**, 188, **191**, **192**, **193**
regulation	188, **195**
relation	197, **203**
remain	188, **190**, **191**, **202**, 205, **211**
replication	141, **148**
report	90, **92**, **95**, **96**
repression	177, **185**
require	123, **125**, 141, **145**, **148**, 177, **182**, **183**, **185**, 188, **190**, **193**, **194**, 197, **201**, 205, **208**
research	99, **105**
residue	172, **176**
resistance	197, **204**
response	197, **200**
result	111, **114**
result in	123, 141, **143**, 161, **163**, **165**, 167, **169**, **171**, 177, **183**, **187**, 188, **193**, 205, **209**
retain	**139**
reveal	99, **103**, **106**, **109**, 111, **115**, **120**
review	90, **94**, **95**, **96**, **97**

S

項目	ページ
sample	111, **122**
shift	177, **181**
show	90, **92**, 99, **104**, **106**, **107**, 111, **114**, **119**, **120**, 133, **135**, **138**, **139**, **175**
signaling	188, **193**
site	172, **174**
stimulation	167, **170**
stimulus	167, **171**
strategy	123, **127**
structure	111, **120**
study	90, **92**, 99, **102**
suggest	90, **96**, 99, **102**, **105**, 111, **115**, **116**, **119**, 177, **197**, **201**
summarize	90, **97**
support	99, **102**, 111, **115**, **118**
suppression	177, **186**
survive	**135**
synthesis	141, **146**
system	123, **130**

T

項目	ページ
technique	123, **129**
technology	123, **129**
test	90, **92**, 99, **108**
therapy	167, **170**
transcription	188, **195**
treatment	167, **169**

U

項目	ページ
undergo	133, **136**, **138**
use	90, **92**, **94**, 123, **126**, **130**

V

項目	ページ
value	205, **214**
variation	141, **145**

W

項目	ページ
we	90, **92**
work	99, **105**

和文

あ行

項目	ページ
明らかにする	100, **103**, **106**, **109**, 112, **115**, **120**
値	205, **214**
与えられる	**171**
与える	**144**

225

見出し	ページ
アッセイ	99, **107**
集められる	112, **115**, 122
アプローチ	123, **126**
アポトーシス	141, **147**
生き延びる	**135**
依存している	206
依存しない	199
依存する	189, **190**
位置する	152, **154**, 157, 173, **174**, 176
一致している	114
遺伝子	151, **154**
移入される	136
意味する	112
イメージング	99, **110**
因子	151, **158**
受ける	135, **138**
得られる	112, **122**, 214
起こす	136
行われる	100, **102**, 104, **106**, 109, 110, 124, **128**
起こる	142, **143**, 145, 146, **147**, 163, **166**, 178, **180**, 181, **182**, 183, 185, **186**, 189, **195**, 198, **200**, **201**, 206, 209
思われる	206

か行

見出し	ページ
解決される	**121**
開始される	168, **170**, 189
開始する	**148**
解析	99, **106**
解析される	134
解析する	91, **92**
概説する	90, **95**, 96
開発される	124, **125**, 128, **130**, 131
開発することである	218
科学技術	123, **129**
確認される	112, **117**
確認する	100, **104**, 106, 112, **114**, 116
確立する	100, **102**, 112, **114**
仮説	123, **131**
画像化	99, **110**
活性	205, **208**
活性化	177, **183**
活性化される	156, **192**

見出し	ページ
過程	188, **194**
仮定する	**92**
可能性を示唆する	112, **117**
可能にする	100, **106**, 112, 124, **125**, 126
下方制御される	**209**
〜から…の範囲である	**214**
関係	197, **203**
観察	111, **118**
観察される	112, **114**, 121, 142, **145**, **147**, 152, **165**, **174**, 178, **180**, 181, **182**, **184**, **185**, 189, 198, **199**, **200**, **202**, **203**, 206, **208**, **209**, 214
観察する	**92**
患者	133
感染	161, **163**
感染させられる	134, **136**
関与する	152, **155**, 173, **176**, 192
完了する	**138**
関連	197, **202**
関連している	142, **148**, 152, **159**, 162, **163**, 164, 168, 178, **180**, 189, 198, **199**, **204**, 206, **211**
技術	123
機能	188, **190**
機能障害	161, **166**
逆転させられる	**199**
逆行させられる	**185**
救出される	**165**
強調する	112, **117**
局在する	152, **155**, **156**
寄与する	189, **191**, **192**, **193**
議論される	112, **114**
議論する	**90**
比べることである	**218**
クローン化される	**154**
系	123
経験する	134, **138**
計算される	206, **215**
形成	141, **145**
形成される	**158**
形成する	152, **155**, **157**
経路	188, **192**
結果	111, **114**

見出し	ページ
結果になる	124, **143**, 162, **163**, **165**, 168, **169**, **171**, 178, **183**, **187**, 189, **193**, 206, **209**
欠陥がある	**139**
結合する	152, **155**
欠失	177, **187**
欠損	161, **165**
決定される	**121**, 206, **211**, **213**
決定する	**92**
決定することである	**218**, **219**, **220**
結論	123, **132**
結論する	90, **92**, **94**
研究	99, **102**, **103**, **105**
研究される	**134**
研究する	91, **92**
検査	99, **108**, **109**
検出される	142, **143**, 152, **153**, 178, **180**, 198, **200**, 206, **209**
検出する	**100**
検定	99, **108**
コードする	**154**, **175**
ゴール	217, **221**
効果	197, **199**
合成	141, **146**
構造	111, **120**
構築	141, **146**
構築される	**139**
コンストラクト	151, **160**

さ行

見出し	ページ
座位	172, **175**
再検討する	**94**
細胞	133, **136**
作製される	134, **135**
残基	172, **176**
産生	205, **212**
産生する	134, **136**, **139**
サンプル	111, **122**
シグナル伝達	188, **193**
刺激	167, **170**, **171**
刺激される	**136**
仕事	99, **105**
示唆する	90, **96**, 100, **102**, **105**, 112, **115**, **116**, **119**, 178, 198, **201**
支持される	124, **131**, **132**

※**太字**は見出し語になっている名詞
赤字は例文が載っている動詞

支持する …… 100, 102, 112, 115, 118	増殖 …………………………… 141, **149**	提案する ……………………………… 91, 92
事象 ……………………………… 141, **143**	総説 …………………………………… 90, **97**	低下 ……………………………………… 177, **184**
システム ……………………………… 123, **130**	増大 …………………………………… 177, **181**	低下させる …… 142, 144, 168, 169, 170
疾患 ……………………………………… 161, **164**	増大させる …… 142, 165, 168, 169, 183	低下する …… 142, 206, 208, 211, 214
実験 ……………………………………… 99, **104**	増大する …… 142, 149, 152, 153, 178, 185, 206, 209, 211, 212	定義する ……………………………… 112, **114**
実行される ……………………………… 104		定義することである ………………… 218
実証する …… 90, 92, 96, 100, 102, 105, 107, 112, 114, 118	阻害される ……………………………… 208	提供する …… 90, 97, 100, 102, 112, 116, 118, 119, 120, 124, 125, 126, 129, 130, 191
	測定される …… 206, 211, 213, 215	
シフト ……………………………………… 177, **181**	存在する …… 112, 115, 119, 155, 191, 198, 203	
死亡する ……………………………… 134, **138**		抵抗性 …………………………………… 197, **204**
示す … 90, 92, 100, 102, 104, 106, 107, 112, 114, 115, 119, 120, 134, 135, 136, 138, 139, 175	損失 …………………………………… 177, **186**	提示される …… 112, 119, 125, 131
		提示する ……………………………… 92, 95
	た行	適用される …… 124, 125, 126, 129
主張する ……………………………… 112, 115	探索する ………………………………… 91, 96	手順 ……………………………………… 123, **128**
受容体 …………………………………… 151, **156**	タンパク質 ……………………………… 151, **155**	手順書 …………………………………… 123, **128**
証拠 ……………………………………… 111, **119**	単離される …… 134, **136**, 152	テストされる …… 124, **131**
上昇する ……………………………… 206, 211	違い …………………………………… 197, **203**	テストする ……………………………… 91, 92
焦点を当てる ……………………………… 91	置換される ……………………………… 173, 176	テストすることである ……………… 218
焦点を合わせる …………………………… 97	蓄積する ……………………………… 153	転写 ……………………………………… 188, **195**
上方制御される ………………………… 209	知見 ……………………………………… 111, **116**	同定される …… 134, 136, 143, 152, 154, 173, 174, 175
処理 ……………………………………… 167, **169**	着手される ……………………………… 100	
処理される …… 134, **136**	仲介される …… 148, 178, 183, 185, 189, 193, 194, 195, 198, 199, 201, 206, 208	同定する …… 91, 92, 97, 100, 106
調べられる …… 134, 190, 206, 209		同定することである …… 218, **221**
調べる …… 91, 92, 94, 95, 100, 102		導入される ……………………………… 144
調べることである …… 218, **219**	仲介する …… 152, 156, 157, 189, 192	登録される ……………………………… 138
知られていない ………………………… 190	注射される ……………………………… 135	〜と関連している ……………………… 170
知られている …… 120, 152	中断される ……………………………… 168, 169	特徴づけられる …… 162, **164**
試料 ……………………………………… 111	注入される ……………………………… 134	特徴づけることである ……………… 218
ストラテジー ……………………………… 123, **127**	注目される ……………………………… 198	ドメイン ………………………………… 151, **157**
することができない …… 134, **139**	調査 …………………………………… 99, **103**	伴う …… 178, 180, 189, 191, 192
制御される ……………………………… 154	調節 ……………………………………… 188, **195**	取り組む ……………………………… 91, 95
制御する ………………………………… 158	調節される … 152, 189, 194, 206, 208, 209	
制限される ……………………………… 209	調節する …… 147, 189, 191, 192, 193	**な行**
精査する ……………………………… 91, 92, 102	著者 …………………………………… 90, **94**	成る …………………………………… 130
精査することである …… 218, **220**	治療 ……………………………………… 167, **169**, 170	に関与する …………………………… 189
成長 ……………………………………… 141, **149**	治療される ……………………………… 138	によって ……………………………… 162, **164**
成長する ………………………………… 139	追跡される ……………………………… 138	濃度 ……………………………………… 205
設計される …… 100, **102**	使う ……………………………………… 91, 92, 94	の結果になる ………………………… 142
戦略 ……………………………………… 123, **127**	使われる …… 100, 106, 107, 108, 124, 125, 126, 127, 128, 129, 130, 131, 152, 160, 189	述べられる ……………………………… 124, 125
相関 ……………………………………… 197, **202**		述べる …… 90, 92, 95, 96, 100
相関する …… 178, 206, 209		のようである …… 152, 189
増強 ……………………………………… 177, **182**	つながる …… 162, 163, 165, 168, 169, 178, 183, 189, 190, 206, 208	
増強される …… 206, 208		**は行**
相互作用 ………………………………… 197, **200**	データ …………………………………… 111, **115**	培養される ……………………………… 136
相互作用する ……………………………… 157	提案される ……………………………… 131, 191	曝露される …… 134, 136

227

場所 ………………………… 172, **174**	増やされる ………………………… 213	免疫される ………………………… **135**
果たす	ブロックされる	網羅する ………………………… **97**
…… 152, **155**, **158**, **176**, 189, **192**, **193**	…… 142, 178, **181**, 189, 198, **199**, 206	目的 ………………… 217, **219**, **220**
発現 ……………………… 205, **209**	プロトコール ………………… 123, **128**	目的とする ………………………… **97**
発現している ………… 152, **153**, **156**	分子 ……………………… 151, **159**	用いられる ………… 124, **126**, **129**
発症する ……………… 134, **135**, **138**	分析 ……………………… 99, **106**	モデル ………… 111, **119**, 123, **131**
発達する ………………………… 134	分析される ……………… 112, **115**, **122**	基づいている … 100, **108**, 124, **125**, **126**, **132**
範囲である ………………………… 206	変異 ……………………… 141, **143**	
反応 ……………………… 197, **200**	変異させられる ………… 173, **174**	**や行**
比 ……………………… 205, **215**	変異体 ……………………… 133, **139**	誘起する ………………… 168, **171**
比較 ……………………… 99, **109**	変化 ……………… 177, **180**, **181**	誘導 ………………………… 177, **182**
比較される ……………… 112, **114**	変動 ……………………… 141, **145**	誘導される … 147, 152, **153**, **154**, 206, **209**
比較する ………………………… 91, **92**	報告 ……………………… 90, **96**	誘導する ………… 163, 168, **169**, **171**
引き起こされる ………… 162, **164**	報告する ……………… 90, **92**, **95**	ようである ………………… 178, **198**
引き起こす … 143, 162, **163**, 168, **171**	方法 ………………… 123, **125**, **126**	要約する ………………… 90, **97**
必要である ………………………… **157**	方法論 ………………… 123, **127**	用量 ……………………… 205, **213**
必要とされる	保持する ………………………… **139**	抑制 ………………… 177, **185**, **186**
… 100, **102**, **105**, **127**, 142, **143**, **146**, **147**, 152, **155**, **158**, 173, **174**, **183**, 189, **190**, **192**, **193**, **201**, 206, **208**	保存されている ………… 173, **176**	抑制される … 142, **146**, **147**, **149**, 178, **183**, 189, 198, **200**, 206, **212**
必要とする	**ま行**	予測する ………………………… **131**
…… 124, **125**, 142, **145**, **148**, 178, **182**, **183**, **185**, 189, **190**, **193**, **194**, 198, **201**, 206, **208**	マウス ……………………… 133, **135**	**ら行・わ行**
評価される ……………… **138**, **190**, 206, **208**	マップされる ………… 173, **174**, **175**	率 ………………… 205, **214**, **215**
評価する ………………………… 91	ままである 189, **190**, **191**, **202**, 206, **211**	領域 ………………………… 172, **174**
評価することである ……… 218, **219**	見つけられる	利用する ………… 124, **126**, **130**
部位 ……………… 172, **174**, **175**	…… 112, 134, **136**, **139**, 142, **143**, 152, **155**, 173, **175**, 178, **180**, 189, 198, **202**, **203**, 206, **208**	利用できる ………………………… **115**
複合体 ……………………… 151, **158**	見つける ………… 91, **92**, **94**, 100	リン酸化 ………………… 141, **147**
複製 ……………………… 141, **148**	認められる ………………………… **203**	類似している ………………………… **215**
含む …… 100, **102**, 124, **127**, 152, **154**, **155**, **157**, **158**, **165**, 168, 173, **175**, 178, **194**	見られる ……… 178, **180**, 198, **199**	レベル ……………………… 205, **211**
	無作為化される ………………………… **138**	論文 ……………………… 90, **92**, **96**
	メカニズム ………………… 188, **191**	我々 ……………………… 90, **92**
	メッセンジャーRNA ………… 151, **153**	

■ 著者プロフィール

河本　健（かわもと・たけし）

広島大学大学院医歯薬学総合研究科助教．広島大学歯学部卒業，大阪大学大学院医学研究科博士課程修了，医学博士．高知医科大学助手，広島大学助手，講師などを経て現職．専門は，口腔生化学・分子生物学．概日時計の分子機構，間葉系幹細胞の再生医療への応用などを研究している．大学院生対象の論文英語の講義も担当している．

大武　博（おおたけ・ひろし）

福井県立大学学術教養センター教授．福井大学教育学部卒業，国立福井工業高等専門学校助教授，福井県立大学助教授，京都府立医科大学（第一外国語教室）教授などを経て現職．コーパス言語学の研究成果を英語教育に援用することが，近年の研究テーマである．

ライフサイエンス
論文を書くための英作文＆用例500

2009年11月 1日　第1刷発行
2013年 5月20日　第3刷発行

著　者	河本　健，大武　博
監　修	ライフサイエンス辞書プロジェクト
発行人	一戸裕子
発行所	株式会社 羊 土 社
	〒101-0052
	東京都千代田区神田小川町2-5-1
	TEL　03（5282）1211
	FAX　03（5282）1212
	E-mail　eigyo@yodosha.co.jp
	URL　http://www.yodosha.co.jp/
印刷所	広研印刷株式会社

ISBN978-4-7581-0838-6

本書の複写にかかる複製，上映，譲渡，公衆送信（送信可能化を含む）の各権利は（株）羊土社が管理の委託を受けています．
本書を無断で複製する行為（コピー，スキャン，デジタルデータ化など）は，著作権法上での限られた例外（「私的使用のための複製」など）を除き禁じられています．研究活動，診療を含み業務上使用する目的で上記の行為を行うことは大学，病院，企業などにおける内部的な利用であっても，私的使用には該当せず，違法です．また私的使用のためであっても，代行業者等の第三者に依頼して上記の行為を行うことは違法となります．

JCOPY ＜（社）出版者著作権管理機構 委託出版物＞
本書の無断複写は著作権法上での例外を除き禁じられています．複写される場合は，そのつど事前に，（社）出版者著作権管理機構（TEL 03-3513-6969，FAX 03-3513-6979，e-mail：info@jcopy.or.jp）の許諾を得てください．

羊土社オススメの英語関連書籍

日本人研究者のための
絶対できる英語プレゼンテーション

Philip Hawke, Robert F. Whittier／著　福田 忍／訳
伊藤健太郎／編集協力

スクリプト作成・スライド・発音・身振り・質疑応答と，英語プレゼンに必要なスキル，ノウハウをこの1冊で完全網羅！英文例，チェックリスト，損をしない豆知識など知りたいことのすべてが詰まった指南書の決定版！

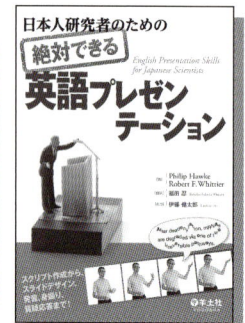

- 定価（本体 3,600円＋税）
- B5判　207頁　ISBN 978-4-7581-0842-3

ハーバードでも通用した
研究者の英語術
ひとりで学べる英文ライティング・スキル

島岡 要, Joseph A. Moore／著

英語コミュニケーションの上達法は？難題解決の鍵はライティングにあった！実体験に基づいた，まとめる・伝える・売り込む英文作成のポイントから，代替表現，産みの苦しみの乗り越え方まで，内容充実の独習本．

- 定価（本体 3,200円＋税）
- B5判　183頁　ISBN 978-4-7581-0840-9

ライフサイエンス 組み合わせ英単語
類語・関連語が一目でわかる

河本 健, 大武 博／著
ライフサイエンス辞書プロジェクト／監

正しい英文は「単語＋単語」の正しい組み合わせから！似た意味ごとに関連表現を徹底比較し，あいまいな言葉の区別もスッキリ理解．そのまま使える6,000超のパターンと充実の例文で，論文執筆の即戦力に！

- 定価（本体 4,200円＋税）
- B6判　360頁　ISBN 978-4-7581-0841-6

ライフサイエンス英語 動詞使い分け辞典
動詞の類語がわかればアクセプトされる論文が書ける！

河本 健, 大武 博／著
ライフサイエンス辞書プロジェクト／監

生命科学分野の主要学術誌に掲載されたネイティブ執筆論文を分析．意味が似ている動詞の使い分けと，動詞と一緒によく使われる単語の組合わせがわかる類語辞典．例文も豊富で「活きた英語」が書ける！

- 定価（本体 5,600円＋税）
- B6判　733頁　ISBN 978-4-7581-0843-0

発行　羊土社　YODOSHA
〒101-0052　東京都千代田区神田小川町2-5-1　TEL 03(5282)1211　FAX 03(5282)1212
E-mail: eigyo@yodosha.co.jp
URL: http://www.yodosha.co.jp/

ご注文は最寄りの書店，または小社営業部まで

本書とあわせて読みたい！ライフサイエンス英語シリーズ

ボキャブラリーを強化するなら

ライフサイエンス
文例で身につける
英単語・熟語

編／河本 健，大武 博
監／ライフサイエンス辞書プロジェクト
英文校閲・ナレーター／Dan Savage

415の文例に生命科学の専門用語1,462と論文で頻用される表現・熟語975を凝縮．英文読解や論文執筆に必須の語彙力が効率よく身に付く．音声教材をダウンロードすれば発音，リスニング学習もできる！

- 定価（本体3,500円＋税） B6変型判
- 302頁　ISBN978-4-7581-0837-9

論文執筆の基礎を固めるなら

ライフサイエンス
論文作成のための
英文法

編／河本 健
監／ライフサイエンス辞書プロジェクト

約3,000万語の論文データベースを徹底分析！論文執筆でよく使われる文法が一目でわかる．「前置詞の使い分け」など，避けては通れない重要表現も多数収録．"なんとなく正しい" 英文からステップアップしよう！

- 定価（本体3,800円＋税） B6判
- 294頁　ISBN978-4-7581-0836-2

論文らしい表現を使いこなすなら

ライフサイエンス
英語表現
使い分け辞典

編／河本 健，大武 博
監／ライフサイエンス辞書プロジェクト

論文英語のフレーズや熟語を使いこなそう！ネイティブが執筆した約15万件の論文から得られた例文が満載で，「この動詞にはどの前置詞を使うのか？」といった，誰もが抱く論文執筆の悩みを解消する必携の一冊！

- 定価（本体6,500円＋税） B6判
- 1118頁　ISBN978-4-7581-0835-5

論文内容に適した単語を操るなら

ライフサイエンス英語
類語
使い分け辞典

編／河本 健
監／ライフサイエンス辞書プロジェクト

日本人が判断しにくい類語の使い分けを，約15万件の英語科学論文データ（全て米英国より発表分）に基づき分析．ネイティブの使う単語・表現が詰まっています．論文から引用した生の例文も満載で，必ず役立つ一冊

- 定価（本体4,800円＋税） B6判
- 510頁　ISBN978-4-7581-0801-0

発行　**羊土社 YODOSHA**
〒101-0052　東京都千代田区神田小川町2-5-1　TEL 03(5282)1211　FAX 03(5282)1212
E-mail: eigyo@yodosha.co.jp
URL: http://www.yodosha.co.jp/

ご注文は最寄りの書店，または小社営業部まで

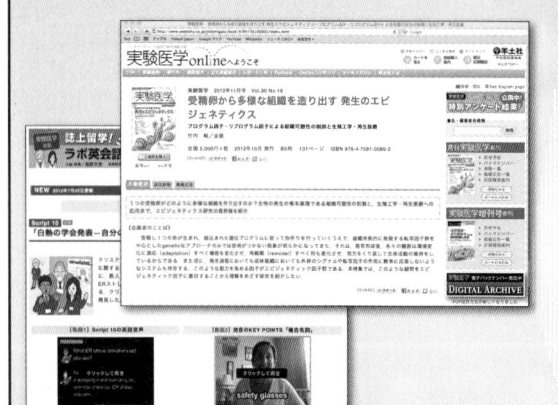